International Computer Driving Licence
실라버스 v.5.0

Module 4.
Spreadsheets
스프레드시트

Window XP, MS Office 2003, Internet Explorer 7 사용

한국생산성본부 정보문화원

International Computer Driving Licence
실라버스 v.5.0

Module 4.
Spreadsheets
스프레드시트

1판 1쇄 인쇄 · 2008년 4월 25일
1판 1쇄 발행 · 2008년 5월 1일

지 은 이 · 한국 ICDL 자격연구회
발 행 인 · 박우건
발 행 처 · 한국생산성본부 정보문화원
등록일자 · 1994. 9. 7
서울특별시 종로구 사직로 57-1(적선동 122-1) 생산성빌딩
전   화 · 02)738-1285(편집부)
         02)738-4900(마케팅부)
F A X · 02)738-4902
http://www.kpc-media.co.kr
E-mail · kskim@kpc.or.kr

값 13,000원

스프레드시트

Spreadsheets

스프레드시트는 컴퓨터 기반(CBT: Computer Basic Test)으로 진행된다.

실습 파일 다운로드

본 교재는 본문 예제를 따라하기 위한 실습 파일이 필요하며 www.kpc-media.co.kr 에서 Spreadsheet.exe 파일을 다운로드한다. 다운 로드된 Spreadsheet.exe 파일을 실행하면 자동으로 C:\Spreadsheet 폴더에 압축이 해제되어 실습 파일을 사용할 수 있다.

학습 목표

스프레드시트의 개념을 이해하고 스프레드시트 사용하여 정확한 작업을 수행할 수 있어야 한다.

❖ 스프레드시트로 작업하여 이를 다양한 파일 형식으로 저장할 수 있어야 한다.
❖ 프로그램 옵션 변경 및 도움말 기능 등을 이용하여 생산성을 향상시킬 수 있어야 한다.
❖ 셀에 데이터를 입력하고 데이터 목록을 작성하는 방법에 대해 알아야 한다.
❖ 데이터를 선택, 정렬 및 복사, 이동 및 삭제할 수 있어야 한다.
❖ 워크시트에서 행과 열을 편집할 수 있어야 한다.
❖ 워크시트를 복사, 이동, 삭제하고 적절한 이름으로 바꿀 수 있어야 한다.
❖ 함수를 사용하여 수식과 논리식을 작성하고 수식 오류를 이해한다.
❖ 데이터에 다양한 표시 형식을 설정할 수 있어야 한다.
❖ 차트를 작성하여 정보를 의미 있게 전달할 수 있어야 한다.
❖ 인쇄를 위한 페이지 설정 및 인쇄 방법에 대해 알아야 한다.

본 교재 구성 및 학습 방법

❖ 본 교재는 총7개의 Chapter로 구성되어 있으며 각 Chapter에는 주요 기능들이 Section 단위로 나누어 소개되고 있다.
❖ Tip을 통해 본문에 다루지 못한 부가적인 내용들을 소개하고 있으며, 잠깐만에서는 초보자가 자주 범하는 실수를 제시하고 있으며, 용어설명를 통해 용어의 의미를 쉽게 파악할 수 있도록 안내해주고 있다.
❖ 각 Chapter 끝에는 학습한 내용을 스스로 확인할 수 있는 Self Task가 있어 정리 및 복습을 할 수 있다.
❖ 모든 Chapter를 학습한 후에는 총 3회의 모의고사를 통해 자신의 실력을 점검할 수 있으며, 모의고사 풀이 과정에서 정답을 확인할 수 있다.

차 례

Chapter03. 워크시트 관리

Chapter04. 수식 및 함수

Chapter 01

프로그램의 기본 사용법

Chapter 01
프로그램의 기본 사용법

>>> 간단한 문서를 작성하고 멋있게 꾸미는 소프트웨어의 분야를 '워드프로세서' 라 하며 복잡한 계산 업무처리를 편리하게 하기 위한 소프트웨어의 분야를 '스프레드시트' 라 한다. 스프레드시트란 행과 열로 구성된 도표 위에서 복잡한 대량의 데이터를 간단하고 정확하게 계산하고, 데이터 관리 및 검색 등의 작업을 처리할 수 있는 수치 계산 응용 프로그램을 의미한다. 스프레드시트는 단순 문서 작성기능, 수식계산/분석 기능, 차트 데이터 분석 기능, 데이터베이스 기능, 프로그램 제작 기능 등 다양한 기능으로 사용자가 최대한 활용할 수 있도록 하고 있다.

스프레드시트 프로그램은 전문가에게는 업무용 데이터의 관리에 필요한 도구를 제공하고, 일반 사용자에게는 정보를 최대한 활용할 수 있는 기능을 제공한다.

학습 목표

- 스프레드시트를 시작할 수 있다.
- 새로운 문서를 작성하고 작성된 문서를 열기 및 저장할 수 있다.
- 다른 형식의 문서로 저장할 수 있다.
- 여러 개의 창을 배열할 수 있다.
- 도구 모음을 표시하거나 숨길 수 있다.

01 스프레드시트 시작

스프레드시트를 실행하는 방법은 여러 가지가 있으나 가장 많이 사용하는 것은 바탕 화면에 있는 바로 가기 아이콘을 이용하거나 메뉴를 이용하는 방법이 있다.

01 윈도우 바탕 화면의 바로 가기 아이콘을 더블 클릭한다.

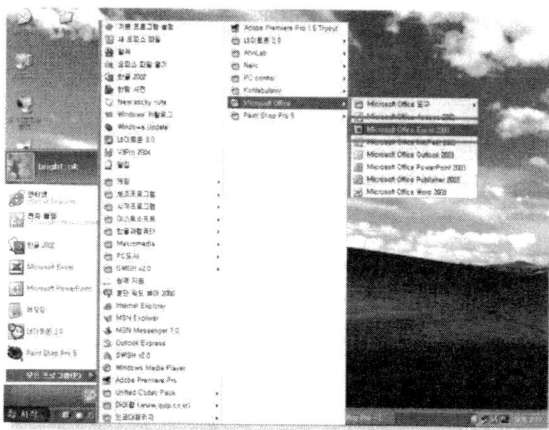

시작 메뉴로 실행하기 위해 윈도우 바탕 화면의 하단 작업 표시줄의 [시작]-[모든 프로그램]-[Microsoft Office]-[Microsoft Office Excel 2003] 메뉴를 클릭하여 스프레드시트 프로그램을 실행한다.

02 화면 구성

스프레드시트가 실행되면 기본적으로 다음과 같은 작업 창이 나타난다. 1개의 통합 문서에 기본적으로 3개의 시트가 포함되어 열리며, 각 워크시트는 열 256개, 행 65,536개를 가지고 있다.

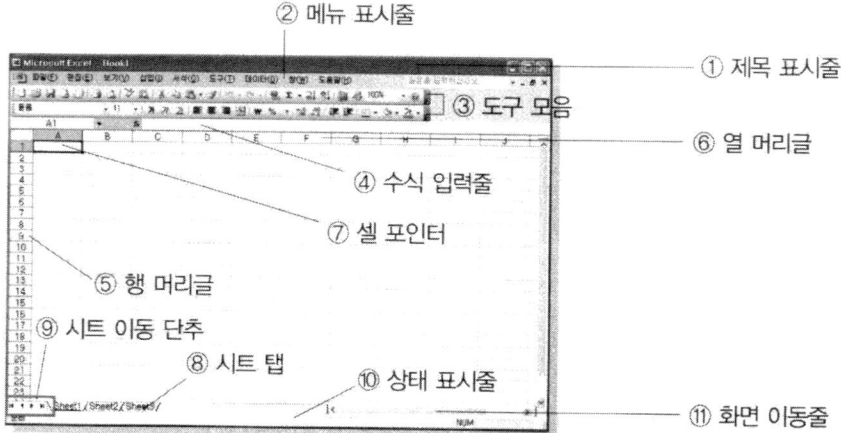

② 메뉴 표시줄
① 제목 표시줄
③ 도구 모음
⑥ 열 머리글
④ 수식 입력줄
⑦ 셀 포인터
⑤ 행 머리글
⑨ 시트 이동 단추
⑧ 시트 탭
⑩ 상태 표시줄
⑪ 화면 이동줄

① 제목 표시줄

현재 실행중인 응용 프로그램의 파일 명을 표시한다. 새로운 통합 문서를 열면 Book1,Book2, Book3... 라는 통합 문서가 나타난다. Book1은 통합 문서를 저장하면 저장할 때 입력한 파일명으로 변경된다. 또한 제목 표시줄 오른쪽에는 창 크기를 변경할 수 있는 단추가 있다.

Microsoft Excel - Book1

② 메뉴 표시줄

스프레드시트에서 제공하는 대부분의 명령들을 나타냅니다. 각 메뉴를 클릭하면 하위 메뉴가 나타나는데 원하는 메뉴를 클릭하여 명령을 실행할 수 있다.

파일(F) 편집(E) 보기(V) 삽입(I) 서식(O) 도구(T) 데이터(D) 창(W) 도움말(H)   질문을 입력하십시오.

③ 도구 모음

메뉴에 있는 명령 중에 자주 사용하는 기능들을 모아 아이콘으로 배열해 놓은 것을 말한다. 스프레드시트 프로그램을 처음 실행했을 경우 표준 도구 모음과 서식 도구 모음이 화면에 나타나있다.

표준 도구와 서식 도구가 한 행에 나타나 있어서 모든 도구 단추가 화면에 보이지 않을 경우도 발생한다. 이러한 경우는 [보기]-[도구 모음]-[사용자 지정] 메뉴를 선택한다. [사용자 지정] 대화 상자에서 [옵션] 탭을 클릭하여 [표준 및 서식 도구 모음을 두 행에 표시]를 체크한다.

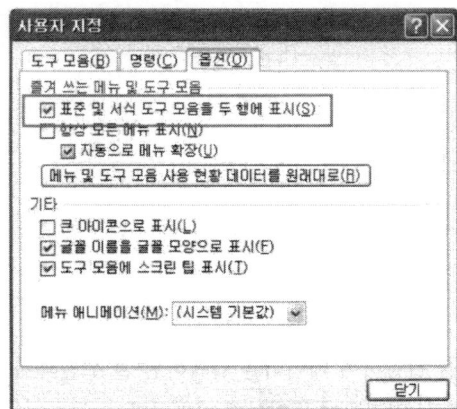

④ 수식 입력줄

수식 입력줄에는 이름 상자와 수식 입력줄의 2가지 항목이 같은 행에 나타난다. [이름 상자]는 현재 선택되어 있는 셀의 주소를 보여준다. 셀 주소는 열 머리글(A, B, C, …)과 행 머리글(1, 2, 3, …)의 이름을 함께 붙여서 하나의 셀 주소가 생성된다. 또한 수식과 함수 작성을 위하여 하나 이상의 셀을 사용자가 이름을 직접 정의하여 활용하는 경우도 있다.

수식 입력줄은 셀에 입력중이거나 입력한 내용을 표시하며, 입력한 내용을 수정하는 경우에 사용하는 부분이다. 셀에 데이터를 입력하거나 수정하고 있는 상태에는 수식 편집 상자 (▾ ✕ ✓ ƒ)가 화면에 나타난다.

이름 상자   수식 입력줄

A1   ▾   ƒ

⑤ 행 머리글

워크시트의 가로 행을 표시하는 행 제목 부분으로 1 ~ 65,536까지 있다. 마지막 행으로 이동하기 위해서는 키보드의 〈Ctrl+↓〉를 동시에 누른다. 다시 1 행으로 이동하는 방법은 〈Ctrl+↑〉를 동시에 누른다.

	A	B	C	
1				
2				
3				
4				
5				
6				
7				
8				
9				

⑥ 열 머리글

워크시트의 세로 열을 표시하는 열 제목 부분으로 A ~ IV까지 총 256개의 열이 있다. 마지막 열로 이동하기 위해서는 키보드의 〈Ctrl+→〉를 동시에 누른다.

	A	B	C	D	E	F
1						
2						
3						
4						
5						
6						

⑦ 셀 포인터

현재 마우스 포인터가 선택하고 있는 셀을 뜻한다. 키보드를 활용하여 데이터를 입력하면 셀 포인터에 내용이 입력된다. 또한 셀 포인터에 입력되어 있는 내용은 수식 입력줄에 동일하게 나타난다.

⑧ 시트 탭

워크시트의 이름을 배열해 놓은 곳이다. 하나의 통합 문서에는 255개 이상의 시트를 생성할 수 있다.

⑨ 시트 이동 단추

현재 통합 문서에 존재하는 시트의 수가 많을 경우 시트를 이동하는 단추이다. 각각 단추의 역할은 ①
처음 시트로 이동/② 이전 시트로 이동/③ 다음 시트로 이동/④ 마지막 시트로 이동의 기능을 수행한다.

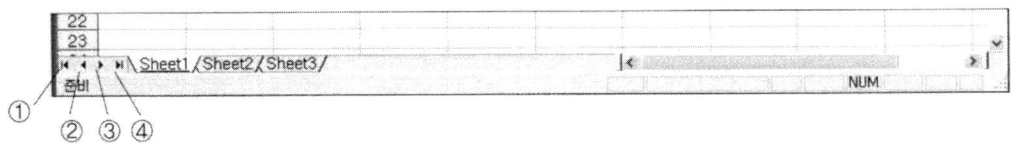

⑩ 상태 표시줄

시트 탭 아래에 위치하는 행으로 현재 스프레드시트로 작업하는 상황을 보여주는 곳이다. 즉, 선택된 명
령이나 단추 설명 또는 스프레드시트의 작업 상태에 대한 간략한 정보를 표시하는 것으로 작업 공간에
서의 현재 상태 표시 및 셀에 입력된 데이터의 자동계산된 결과를 표시하여 준다.

⑪ 화면 이동줄

현재 워크시트에 입력되어 있는 데이터가 모두 화면에 보이지 않을 경
우 가로와 세로 방향으로 화면을 이동할 수 있는 부분이다.

스프레드시트에 활용되는 기본 개체명

❶ 통합 문서 Workbook
통합 문서는 스프레드시트에서 작업하는 하나의 파일을 의미하는 것으로 새로운 통합 문서를 열때는 Book1, Book2, Book3로 나타난다.

❷ 시트 Sheet
통합 문서 내에 포함되는 있는 작업 영역으로 시트 또는 워크시트라고 부르며, 하나의 통합 문서에는 255개 이상의 시트를 생성할 수 있다.

❸ 셀 Cell
하나의 행과 하나의 열이 교차되는 곳이 셀이다. 셀에는 각각의 고유한 주소가 있으며 데이터를 입력하고 계산 작업을 할 수 있다.

03 새 통합 문서 만들기

새로운 통합 문서를 만드는 방법은 여러 가지가 있다. 스프레드시트를 실행하면 기본적으로 'Book1' 이라는 제목의 빈 통합 문서가 나타난다. 새 통합 문서를 만드는 방법으로는 일반적으로 표준 도구 모음의 [새로 만들기] 아이콘을 클릭하여 만드는 방법과 [파일]-[새로 만들기] 메뉴를 선택하여 만드는 방법이 있다.

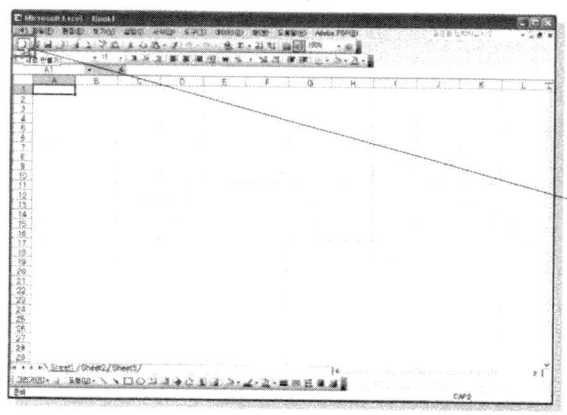

01 표준 도구 모음의 [새로 만들기] 아이콘( )을 클릭한다.

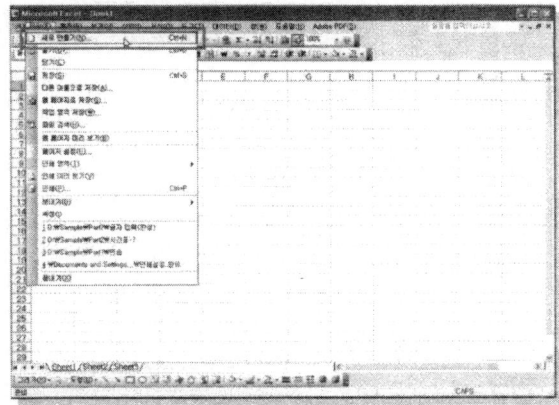

02 새로운 통합 문서를 만드는 또 다른 방법으로 [파일]-[새로 만들기] 메뉴를 선택한다.

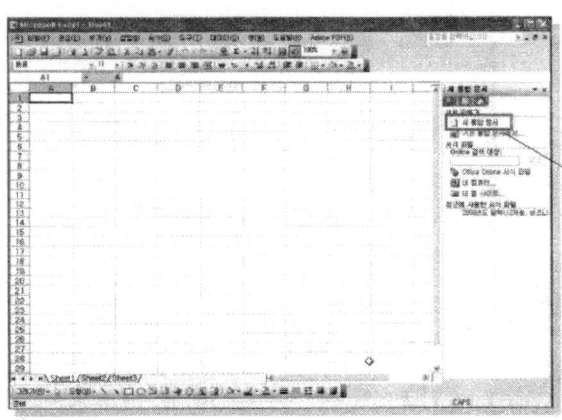

03 [새 통합 문서] 작업창이 실행되면 [새로 만들기] 항목의 '새 통합 문서'를 선택한다. '내 컴퓨터'를 클릭하면 미리 정의되어 있는 서식 파일로 새 통합 문서를 시작할 수도 있다.

tip 서식 파일을 이용한 문서 새로 만들기

서식 파일을 이용하여 문서를 새로 작성하기 위해서는 새 통합 문서 작업창에서 내 컴퓨터를 클릭하여 [서식 파일] 대화 상자에서 사용자 지정 서식 파일이 표시되는 [스프레드시트] 탭을 클릭하고, 만들 통합 문서 유형의 서식 파일을 더블 클릭한다.

04 저장 및 열기

통합 문서를 작성한 후에는 파일로 저장해야 확인 및 재사용이 가능하다. 엑셀 통합 문서의 파일 형식은 *.xls로 나중에 찾기 쉬운 위치에 저장해 두는 것이 좋다. 저장한 후에는 언제든지 불러와 사용할 수 있다.

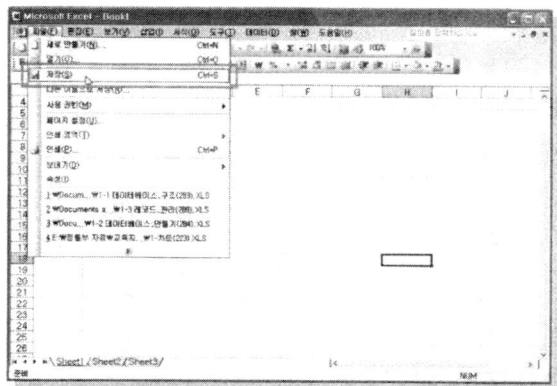

01 통합 문서를 저장하기 위해서는 ① [파일]-[저장] 메뉴를 선택하거나, ② 표준 도구 모음 중 [저장] 아이콘 ( ) 을 클릭 또는 ③ 단축키 〈Ctrl+S〉 를 누른다.

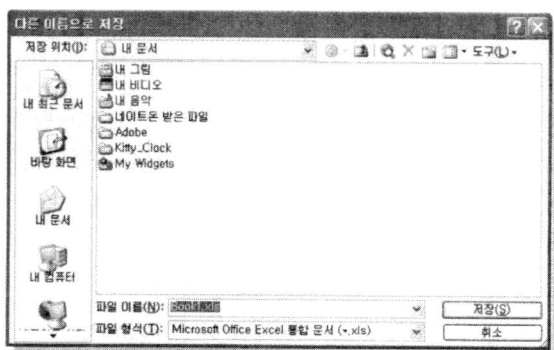

02 [다른 이름으로 저장] 대화 상자에서 저장 위치 및 파일 이름을 입력 한 후 [저장] 단추를 클릭한다.

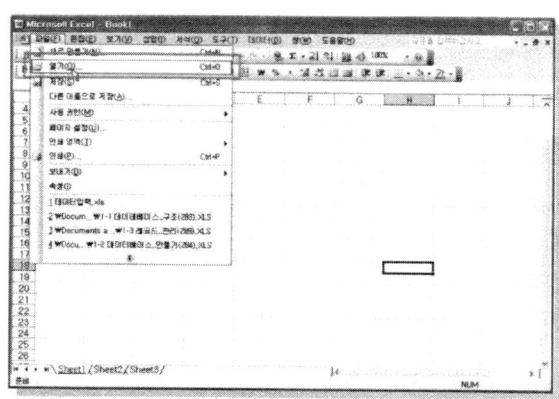

03 저장된 통합 문서를 불러오고자 할 경 우는 ① [파일]-[열기] 메뉴를 선택하거 나, ② 표준 도구 모음 중 [열기] 아이 콘( )을 클릭 또는 ③ 단축키 〈Ctrl+O〉를 누른다.

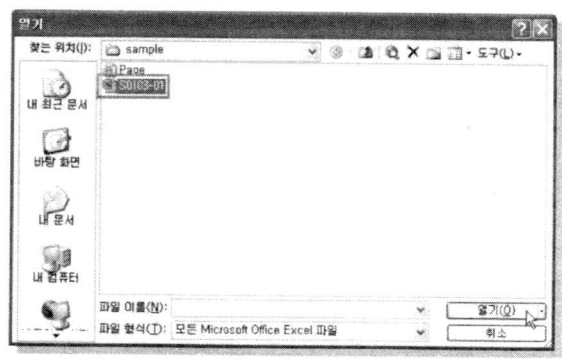

04 [열기] 대화 상자에서 불러오고자 하는 통합 문서의 저장 위치를 선택하고, ① 파일 이름을 더블 클릭 하거나, ② [열 기] 단추를 클릭한다.

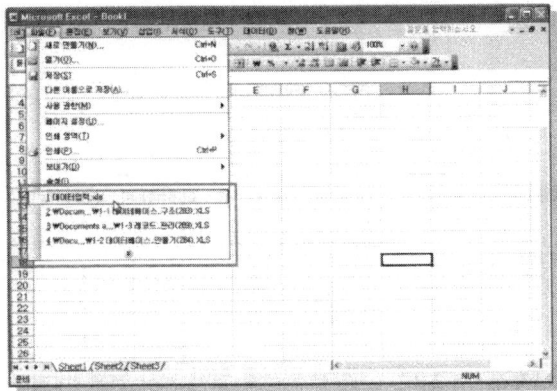

05 불러오고자 하는 통합 문서가 최근에 사용한 문서일 경우는 [파일] 메뉴의 최근에 사용한 문서의 목록에서 바로 불러올 수 있다.

05 다른 이름으로 저장

현재 작업 중인 파일을 복사본으로 만들어 저장하거나, 다른 위치에 저장하거나 파일 형식을 다르게 변경하여 저장할 수 있다. 스프레드시트의 통합 문서를 다른 파일 형식으로 저장하면 엑셀에서만 사용할 수 있는 서식과 기능을 잃어버릴 수도 있다.

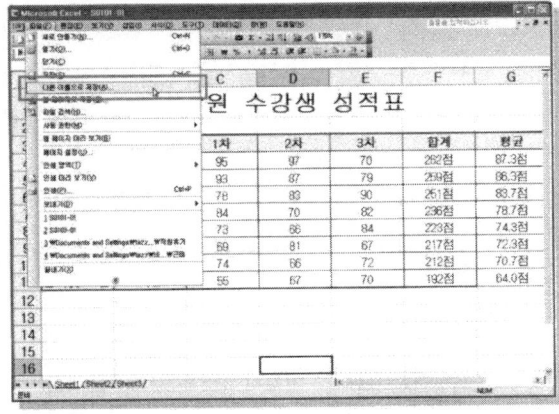

〈시작 예제〉 C:\Spreadsheet\Chapter01\S0101-01.xls

01 현재 문서를 다른 이름으로 저장하기 위하여 [파일]-[다른 이름으로 저장] 메뉴를 선택한다.

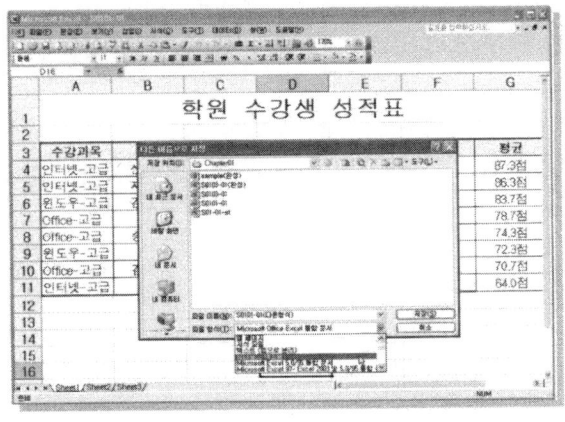

02 [다른 이름으로 저장] 대화 상자에 저장 위치를 선택하고 [파일 이름] 상자에 통합 문서의 새 이름을 'S0101-01(다른형식)'으로 입력하고 [파일 형식]을 '유니코드 텍스트'를 선택한 후 [저장] 단추를 클릭한다.

03 텍스트 형식의 파일로 저장하는 것이기 때문에 여러 개의 시트를 모두 저장할 수 없다는 메시지 상자가 나타나면 [확인] 단추를 클릭한다.

04 텍스트 형식으로 저장하게 되면 지원하지 몇몇의 기능이 있으므로 저장여부를 묻는 메시지 상자가 나타난다. [예] 단추 클릭한다.

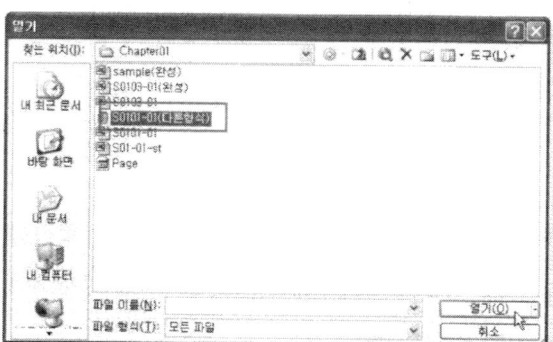

05 저장된 문서를 열어 보기 위해 [파일]-[열기] 메뉴를 선택한다. [열기] 대화상자에서 'S0101-01(다른형식)' 텍스트 파일을 선택하고 [열기] 단추를 클릭한다.

06 텍스트 파일을 가져오기 위한 텍스트 마법사가 실행된다. 텍스트 마법사 1단계는 데이터의 분리 방법을 선택한다. '구분 기호로 분리됨'을 선택한 후 [다음] 단추를 클릭한다.

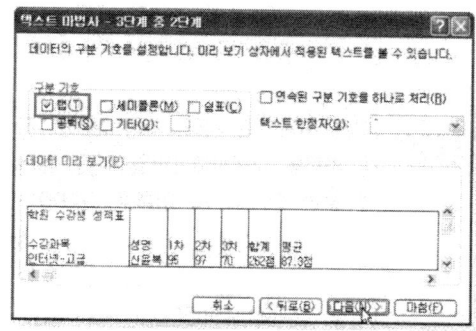

07 텍스트 마법사 2단계에서는 분리된 구분기호를 묻는 것으로 '탭'을 선택한 후 [다음] 단추를 클릭한다.

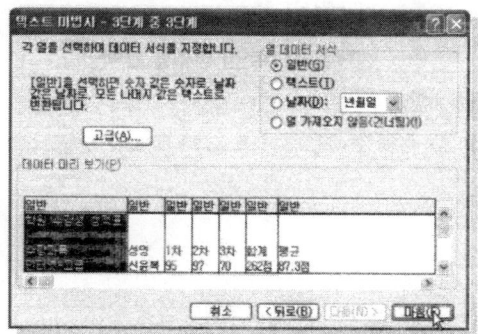

08 텍스트 마법사 3단계는 데이터의 서식을 지정하는 것으로 모든 데이터를 '일반'으로 선택한 후 [마침] 단추를 클릭한다.

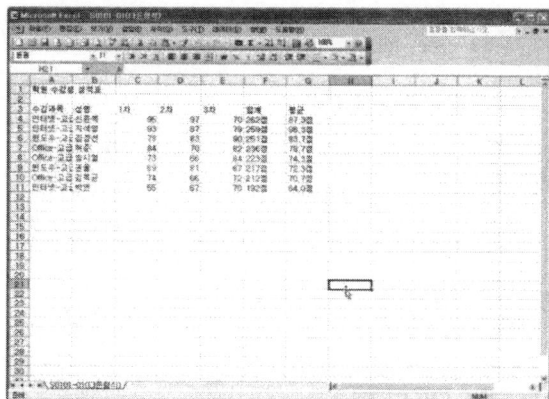

09 텍스트가 각각의 셀에 분리어 나타난다.

06 창 배열 및 창 이동

여러 개의 문서가 열려 있을 때 이 문서들을 한꺼번에 하나의 화면에서 보기 위해 창을 배열할 수 있다.

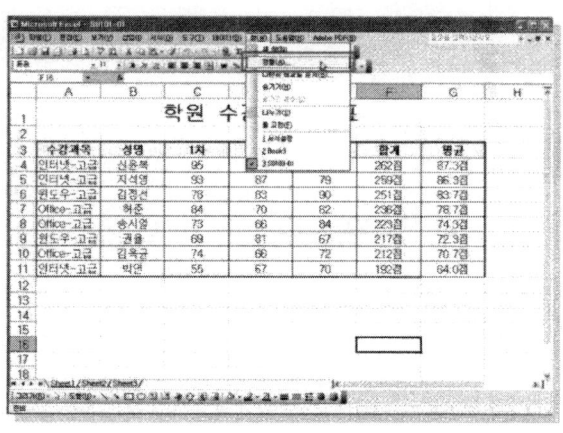

01 우선 스프레드시트 파일이 여러 개 열려져 있는 상태에서 [창]-[정렬] 메뉴를 선택한다.

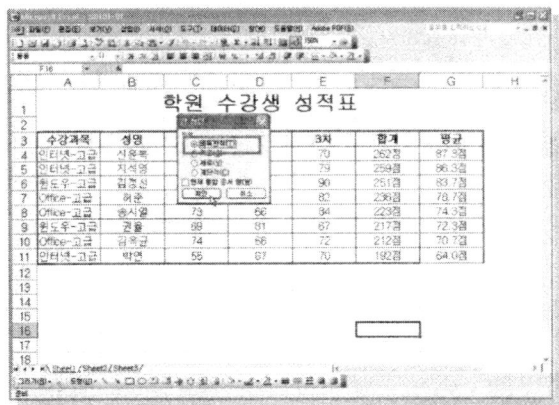

02 [창 정렬] 대화 상자에서 [바둑판식]을
선택한 후 [확인] 단추를 선택한다.

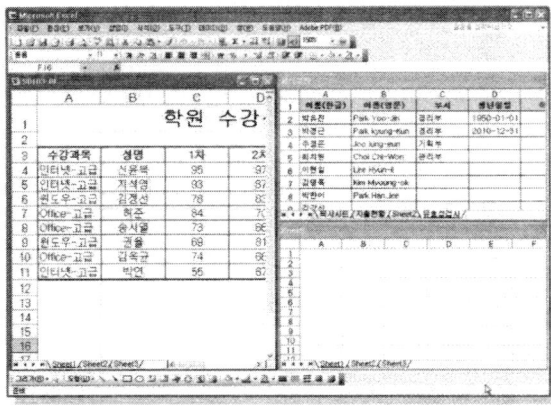

03 열려있는 문서가 바둑판식으로 정렬된
것을 확인할 수 있다.

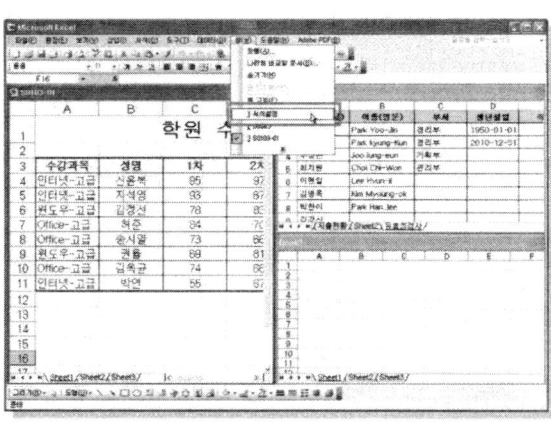

04 옆의 창으로 이동하기 위해서 [창] 메뉴를
선택한 후 선택하고자 하는 파일 이름을
선택한다.

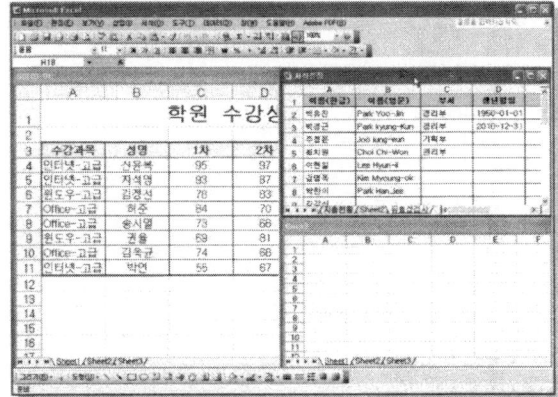

05 선택한 파일 이름의 창이 선택된 것을 확인할 수 있다.

07 틀 고정 및 취소

틀이란 문서 창에서 세로 또는 가로 막대로 다른 부분과 구분되고 제한되는 영역이다. 이것을 고정하면 시트에서 스크롤 할 때 표시된 상태로 유지할 데이터를 선택할 수 있다. 예를 들면 스크롤하는 중에 행 레이블과 열 레이블은 그대로 표시되게 할 수 있다.

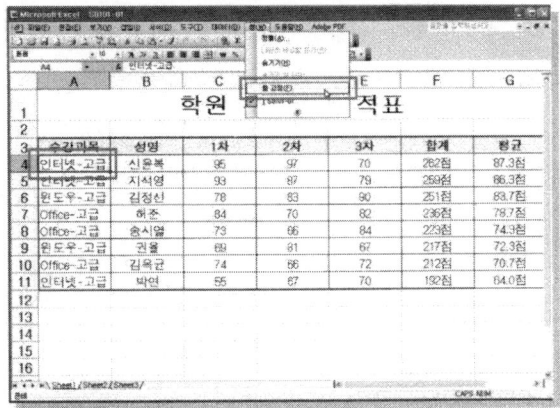

01 문서의 제목과 항목 레이블들의 틀을 고정하기 위해 나누기를 표시할 위치인 'A4' 셀을 선택한 후 [창]-[틀 고정]을 클릭한다.

〈시작 예제〉 C:\Spreadsheet\Chapter01\S0101-01.xls

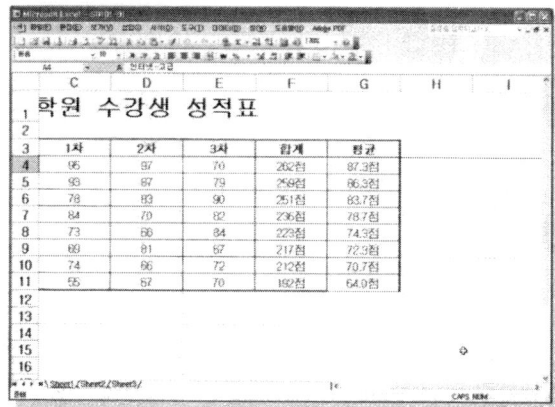

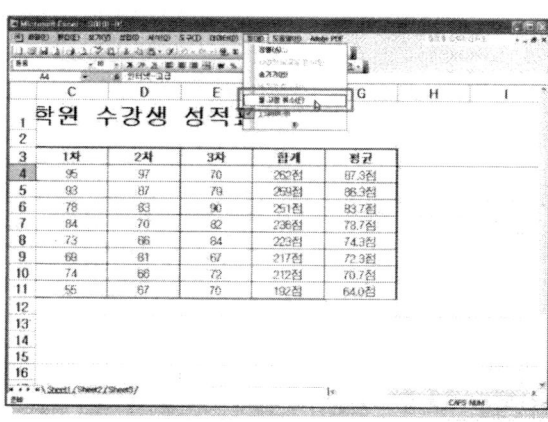

02 틀 고정이 실행되면 고정된 행은 선이 굵게 처리가 된다. 이동 표시줄을 이용하여 화면 아래로 이동해보면 1~3행이 고정되어 있음을 확인할 수 있다.

03 틀 고정을 취소하기 위해서는 [창]-[틀 고정 취소]를 클릭한다.

옵션 설정, 도움말, 도구 사용

스프레드시트를 사용하기 전에 시트의 개수나 셀 구분선 등의 화면의 상태에 대한 환경 설정 등을 설정한 후 문서를 작성하면 효율성 있게 문서를 작성 및 관리를 할 수 있다.

> ### 학습 목표
> • 프로그램의 옵션을 설정할 수 있다.
> • 프로그램의 도움말을 찾을 수 있다.
> • 스프레드시트의 도구 모음 사용법을 알 수 있다.

01 옵션 설정

[도구] 메뉴의 [옵션]을 이용하여 화면의 상태 및 여러 가지 옵션을 설정할 수 있다.

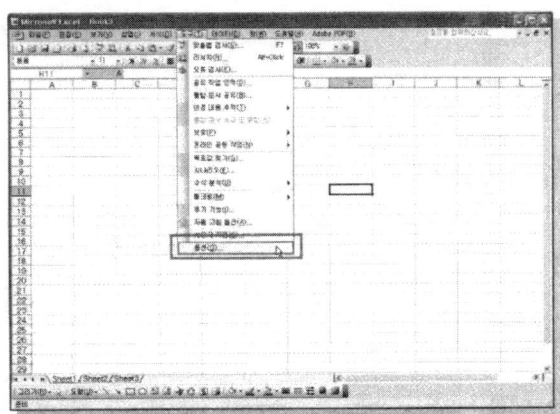

01 환경을 설정하기 위해 [도구]-[옵션] 메뉴를 선택한다.

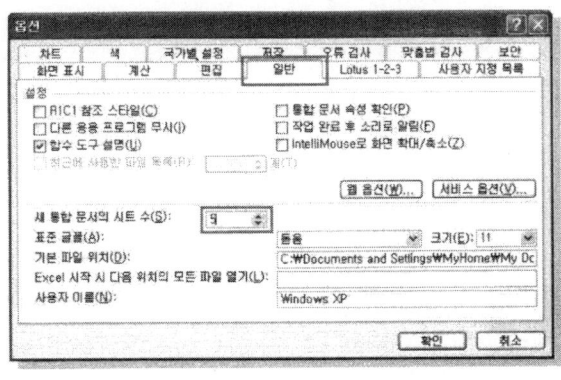

02 [옵션] 대화 상자가 실행되면 13개의 탭이 나타나며 각각의 탭에는 설정할 수 있는 옵션들이 있다. 이 중에 [일반] 탭에서는 [새 통합 문서의 시트 수]를 '5'로 지정한다.

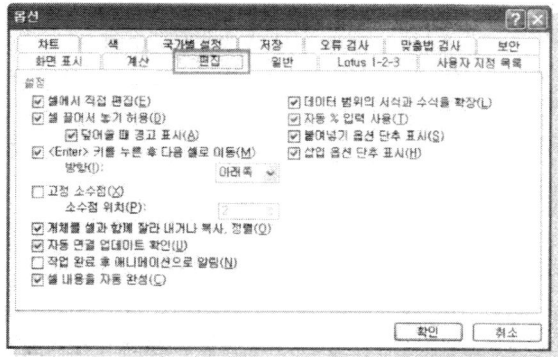

03 [편집] 탭에서는 셀의 선택이나 데이터의 편집 상태에 대한 옵션을 지정할 수 있다.
내용을 확인한 후 [확인] 단추를 클릭한다.

02 도움말 사용

프로그램을 사용하다가 어려운 점이 생기면 도움말을 이용하는 방법이 있다. 목차를 이용하여 내가 원하는 기능에 대한 설명을 볼 수 있다.

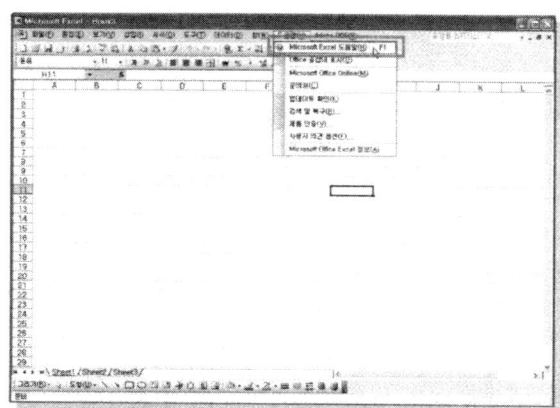

01 도움말을 보기 위해 [도움말]-[Microsoft Excel 도움말] 메뉴를 선택한다.

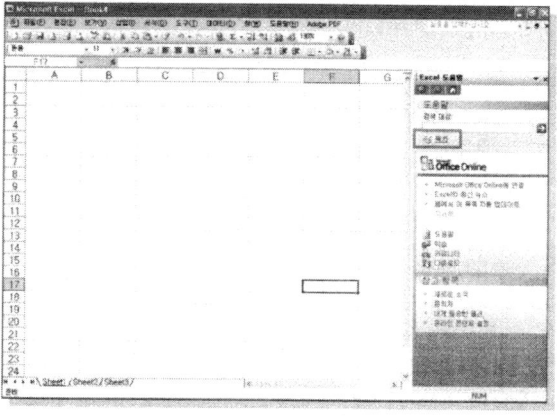

02 [Excel 도움말] 작업창에서 '목차'를 선택한다.

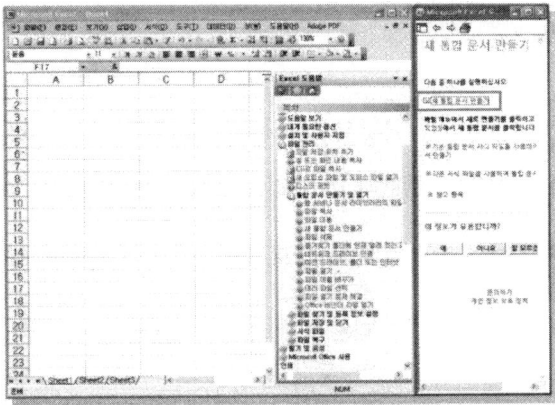

03 도움말 항목 중 궁금한 항목을 차례로 선택하면 작은 창이 실행되며 설명이 나타난다.

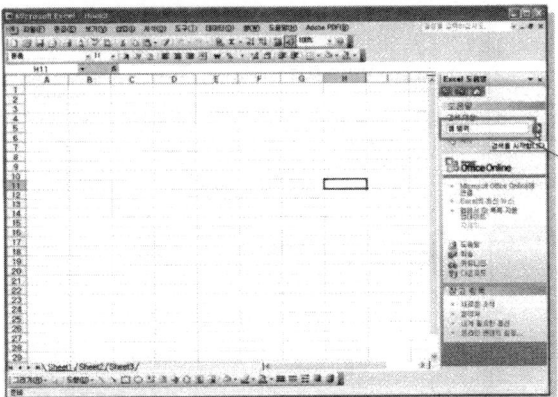

04 도움말을 보는 또 다른 방법은 직접 검색을 하는 방법이다. [Excel 도움말] 작업창의 검색란에 '셀 범위'를 입력한 후 [검색] 단추를 클릭한다.

05 검색된 도움말 내용 중 하나를 선택하면 상세한 내용을 볼 수 있다.

03 도구 모음 표시 및 숨기기

스프레드시트에서 기본적으로 자주 사용되는 주 메뉴의 기능들을 아이콘의 모양으로 배열해 놓은 것으로 어떠한 기능을 수행할 때 메뉴를 사용하는 것보다 더 편리하게 활용 할 수 있다.

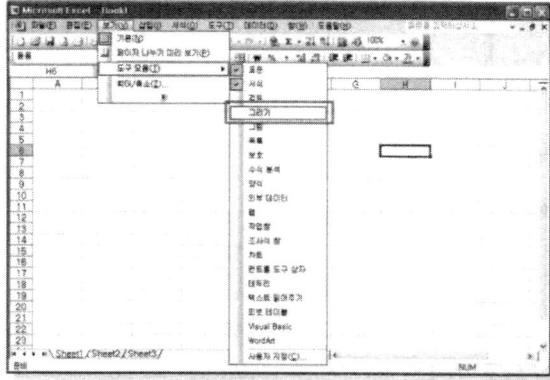

01 기본적으로 나타나는 도구 모음은 표준과 서식 도구 모음이다. 추가적으로 다른 도구 모음을 표시하고자 할 경우는 [보기]-[도구 모음] 메뉴에서 원하는 도구 모음을 선택한다.

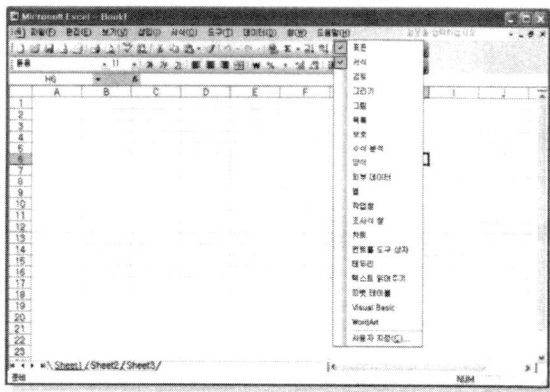

02 단축 메뉴를 이용할 경우, 도구 모음 사이에서 마우스 오른쪽 단추를 클릭하면 추가적으로 표시할 수 있는 도구 모음이 동일하게 나타난다.

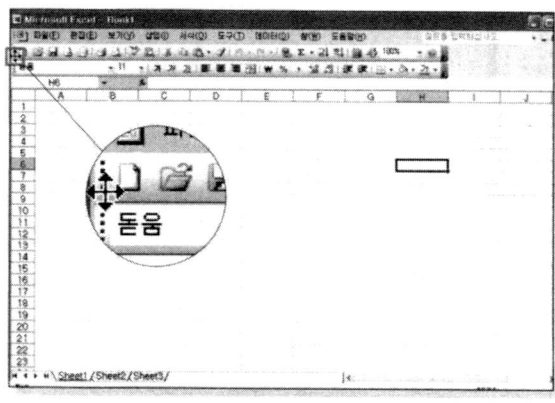

03 화면에 표시되어 있는 도구 모음의 위치를 변경하고자 할 경우, 각 도구 모음의 시작 부분에 마우스를 위치하면 위치 이동 마우스 포인터(✛)가 나타난다. 이때, 아래쪽으로 드래그한다.

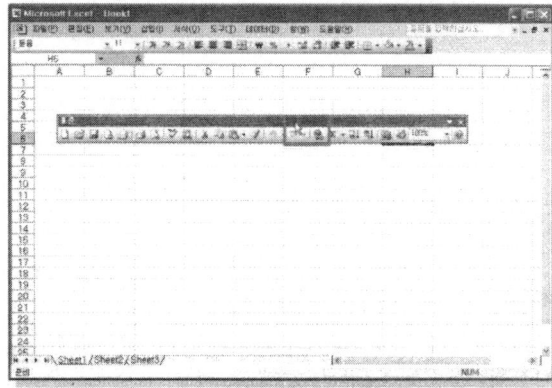

도구 모음을 다시 이동하기 전 위치로 이동할 경우 도구 모음의 제목 표시줄을 더블 클릭한다.

 도구 모음에 아이콘 추가하기

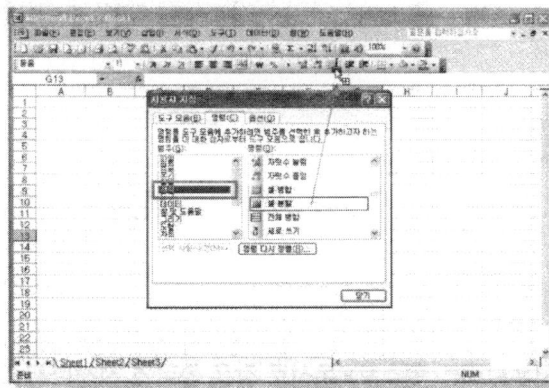

도구 모음은 기본적으로 그룹별로 묶여 있어서 표시 또는 해제 할 경우 한 그룹 내에 있는 모든 도구 모음이 나타난다. 이번에는 셀 병합, 셀 분할의 2개의 도구 모음을 서식 도구 모음에 추가해 보자.

❶ [보기]–[도구 모음]–[사용자 지정] 메뉴를 선택한다.

❷ [사용자 지정] 대화 상자의 [명령] 탭에서 '서식' 범주를 선택하여 '셀 병합', '셀 분할' 명령을 찾는다.

❸ 찾은 '셀 병합' 명령을 서식 도구 모음으로 드래그한다.

❹ 같은 방법으로 셀 분할 명령을 추가할 수 있다. 도구 모음에서 아이콘을 삭제하려면 [사용자 지정] 대화 상자가 실행되어 있는 상태에서 도구 모음 아래쪽으로 드래그하여 제거한다.

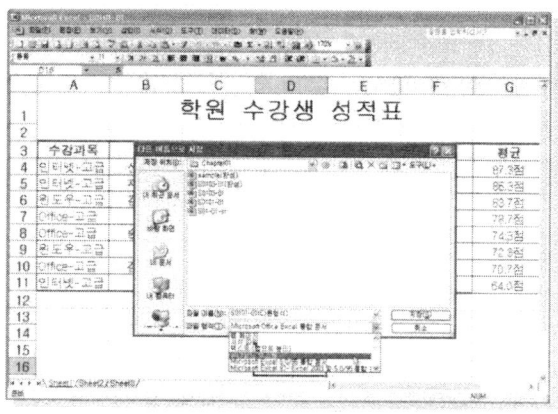

Task1

'S01-01-st.xls' 파일을 열어 'Sample(완성).xls'로 저장하시오.

1. [파일]-[열기]를 선택한다.
2. [열기] 대화 상자에서 'S01-01-st.xls'을 선택한 후 [열기] 단추를 선택한다.
3. 다른 이름으로 저장하기 위하여 [파일]-[다른 이름으로 저장]을 선택한다.
4. [다른 이름으로 저장] 대화 상자에서 파일명 'sample(완성).xls'를 입력한 후 [저장] 단추를 클릭한다.

〈시작 예제〉 C:\Spreadsheet\Chapter01\S01-01-st.xls

Task2

'S01-02-st.xls' 파일을 열어 텍스트(유니코드 텍스트) 문서로 같은 폴더에 저장하시오.

1. [파일]-[열기]를 선택한다.
2. [열기] 대화 상자에서 'S01-02-st.xls'을 선택한 후 [열기] 단추를 선택한다.
3. [파일]-[다른 이름으로 저장]을 선택한다.
4. [다른 이름으로 저장] 대화 상자에서 [저장] 단추를 클릭한다.
5. '텍스트(유니코드 텍스트)'를 선택한 후 메시지 창이 뜨면 [확인], [예] 단추를 클릭한다.

〈시작 예제〉 C:\Spreadsheet\Chapter01\S01-02-st.xls

Chapter 02

셀 편집

Chapter 02 셀 편집

>>> 셀을 다른 위치로 이동한다거나 복사할 수 있는데 이와 같은 셀 편집 작업을 하기 위해 셀 및 행/열 전체를 선택하는 다양한 방법과 셀에 테두리를 두르거나 글꼴 변경과 같은 서식 작업을 이용해 문서를 멋지게 만들어 보자.

셀에 특정한 서식을 지정하거나 위치 이동 및 복사와 같은 작업을 하기 위해 셀 범위를 모두 선택하거나, 열이나 행 삽입 및 삭제 또는 열이나 행 단위로 서식을 지정하고자 할 때도 열 전체나 행 전체를 선택해야 한다. 셀 범위 및 행/열을 선택하고 삭제하는 방법 등을 알아보자.

학습 목표

- 셀/행/열을 선택하고 삽입 및 삭제하는 방법을 알 수 있다.
- 데이터를 입력하는 방법을 알 수 있다.
- 셀의 범위를 설정 할 수 있다.

01 셀 이란?

셀이란 워크시트를 이루는 가장 작은 구성 요소로 워크시트를 가득 채우고 있는 행과 열이 만나는 지점을 셀(Cell)이라고 한다. 이 셀을 마우스로 클릭해 활성화된 현재 셀을 셀 포인터라 하며 키보드로 데이터를 입력할 수 있다.

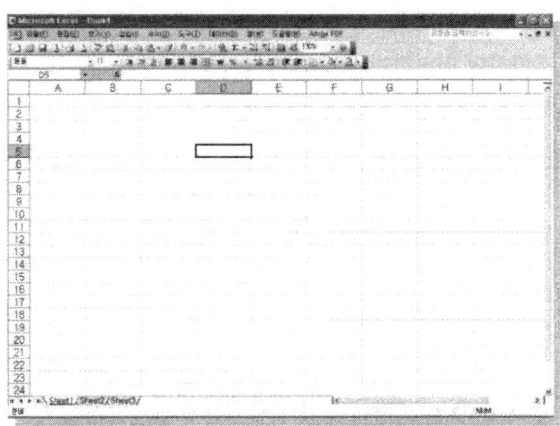

02 데이터 입력

엑셀에서 다룰 수 있는 데이터의 형식은 여러 가지가 있다. 그러나 각 데이터 형식마다 입력하고 편집하는 방법은 조금씩 차이가 있다. 입력된 데이터가 문자 데이터인지 날짜 데이터인지를 알아보기 위해서는 수식 입력줄에 나타난 값으로 확인 할 수 있다. 엑셀에서 다뤄지는 여러 가지 형식의 데이터를 입력 또는 편집해 보도록 한다.

① 문자 데이터

- 한글, 영문자, 특수 문자(※, ★), 한자 등을 말하며 셀에는 최대 32,000자까지 입력할 수 있다.
- 셀에 왼쪽 기준으로 정렬된다.
- 문자의 길이에 비해 셀 너비가 작을 경우 인접한 오른쪽 셀에 걸쳐서 데이터가 표시된다. 만약 인접한 셀에 다른 데이터가 입력되어 있을 경우 셀 너비보다 초과된 부분의 문자는 화면에 보이지 않는다.

② 숫자 데이터

- 숫자 데이터는 연산에 사용할 수 있는 모든 데이터를 의미하며 숫자 0~9, 소수점 등이 있다.
- 정수, 실수, 소수 등의 모든 수치 데이터의 입력이 가능하며 셀에 오른쪽을 기준으로 정렬된다.
- 수를 표현하기 위한 부호 '+' , '-'를 사용할 수 있으며 음수는 '-' 또는 괄호로 묶어서 입력한다.
- 양수 입력 시 '+' 부호를 숫자 앞에 입력하면 셀에 표시되지 않는다.
- 숫자 데이터와 문자 데이터(특수 문자 포함)를 혼합하여 입력하면 문자 데이터로 인식한다.
- 숫자 데이터에 아무런 표시 형식 없이 12글자 이상을 입력하면 지수로 표시된다.
- 숫자, 회계, 통화와 같은 표시 형식이 설정된 숫자 데이터에서 셀 너비가 작을 경우 #####으로 표시된다.

③ 날짜, 시간 데이터

- 날짜 데이터를 입력할 경우 반드시 '연월일' 구분 기호를 '-' 또는 '/'를 사용해야 한다. '9월13일'의 형태로 데이터를 입력하면 날짜 데이터가 아닌 문자 데이터로 인식되므로 수식과 함수를 적용할 수 없게 된다.
- 시간 데이터는 '시분초' 구분 기호를 ':'로 사용한다.

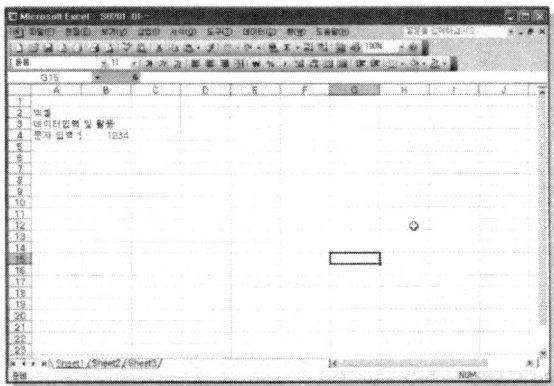

01 빈 통합 문서를 열고 다음과 각 셀에 같이 내용을 입력한다. 셀을 선택한 후 데이터를 입력하고 〈Enter〉 키를 눌러 입력한다.

〈시작 예제〉 C:\Spreadsheet\Chapter02\S0201-01.xls

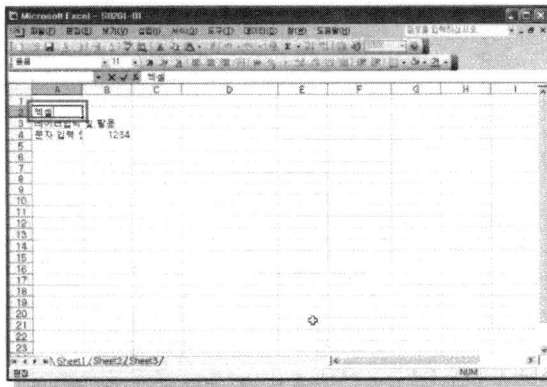

02 입력한 데이터를 수정할 경우는 ① 수 정하고자 하는 셀을 선택한 후 〈F2〉 키를 누르거나, ② 더블 클릭하면 셀의 데이터를 수정할 수 있도록 커서가 나 타난다.

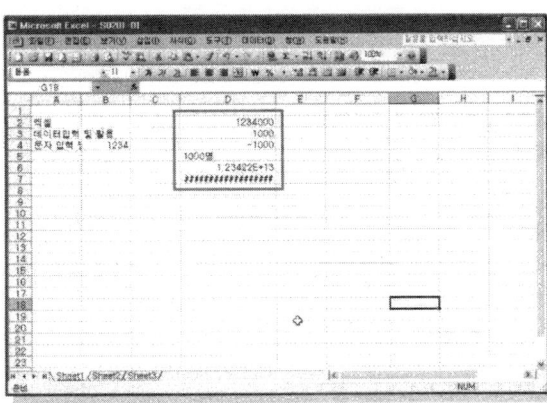

03 다음과 같이 D열에 숫자 데이터를 입 력한다. 셀 너비가 작을 경우 ###### 이나 지수로 표시된다.

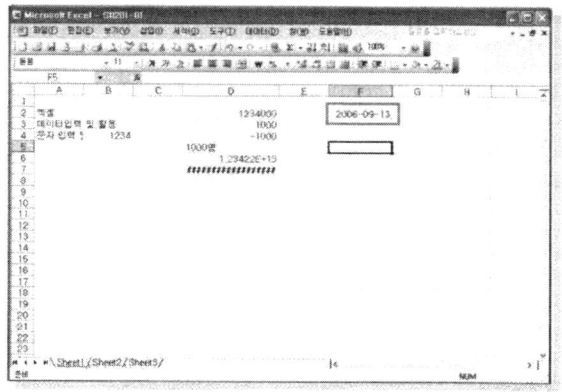

04 'F2' 셀을 선택한 후 '9-13'을 입력하고 〈Enter〉 키를 누른다. 그러면 날짜 데이터로 입력된다.

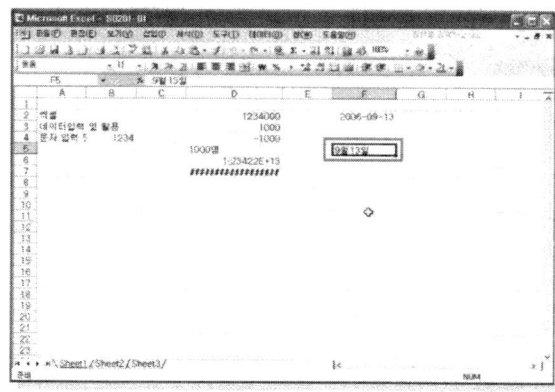

05 'F5' 셀을 선택한 다음 '9월13일'을 입력하고 〈Enter〉 키를 누른다. 그러면 문자 데이터로 입력된다.

❶ 스프레드시트에 활용되는 기본 개체명

입력된 날짜의 표시 형식을 변경 할 경우는 [서식]-[셀] 메뉴를 선택하여 [표시 형식] 탭에서 '날짜' 범주를 선택한다. 다양한 표시 형식에서 원하는 항목을 선택한다.

❷ 오늘 날짜 입력하기

셀에 오늘 날짜를 바로 입력하려면 〈Ctrl+;〉을 누른다.

03 셀 삽입 및 삭제

입력되어 있는 여러 개의 셀 중 하나의 셀을 삭제하거나 중간에 빈 셀을 추가하고자 할 경우 활용한다. 셀 삽입 및 삭제하면서 기존 데이터를 어느 방향으로 이동할 수 있는지를 선택할 수 있다.

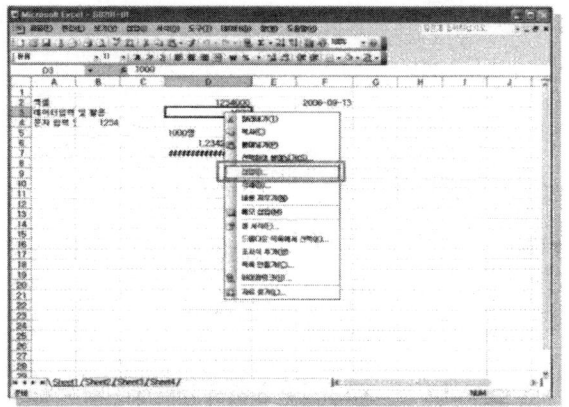

01 셀을 삽입하고자 할 경우 삽입할 위치의 셀을 선택한 후 마우스 오른쪽 단추를 클릭하여 [삽입] 메뉴를 선택한다.

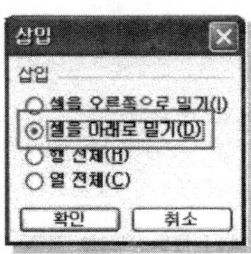

02 셀 포인터가 있는 셀 위치에 빈 셀을 삽입하기 위해서 인접된 셀 데이터를 어느 위치로 이동할 것인지 선택하는 대화 상자이다. 여기서 [셀을 아래로 밀기]를 선택하면 현재 셀 아래의 모든 데이터가 1칸씩 아래로 이동한다. [확인] 단추를 클릭한다.

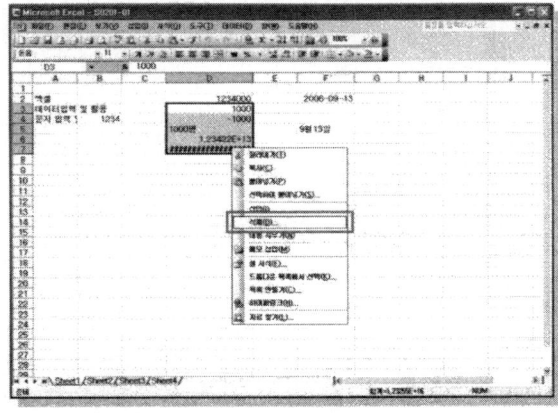

03 셀을 삭제하고자 할 경우 삭제 할 셀을 선택한 후 마우스 오른쪽 단추를 클릭하여 [삭제] 메뉴를 선택한다.

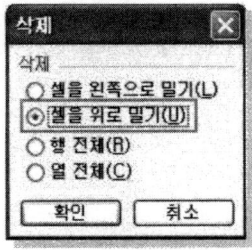

04 삽입 할 때와 동일하게 선택된 셀이 삭제된 후 인접되어 있는 어느 위치의 셀 데이터가 이동할 것인지 선택하는 대화 상자가 나타난다. [셀을 위로 밀기]를 선택하고 [확인] 단추를 클릭한다.

[04] 셀 범위 설정

엑셀에서 작업을 하기 위한 최소 단위는 셀이다. 데이터를 입력할 경우에도 셀 단위로 입력된다. 셀 편집을 위해서는 셀 범위를 지정하는 다양한 방법을 먼저 익혀둘 필요가 있다.

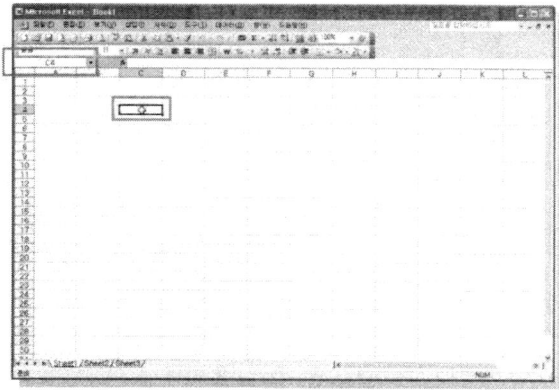

01 하나의 셀을 선택할 때는 선택하고자 하는 셀 위에서 마우스 포인터 모양이 (⟐)로 되어 있을 때 클릭하면 셀이 선택된다. 이때 선택한 셀의 주소가 수식 입력줄 영역의 이름 상자에 나타난다.

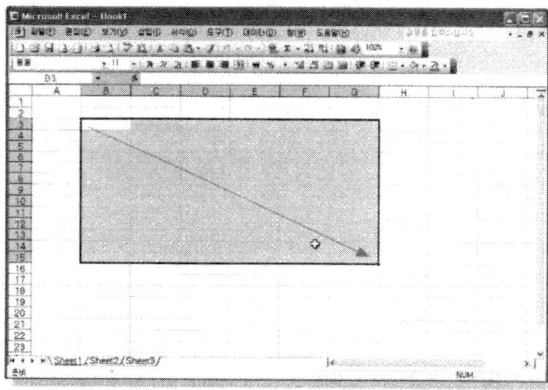

02 연속된 여러 개의 셀을 선택할 경우는 시작 셀을 선택한 후 원하는 영역만큼 드래그한다. 이때 선택된 영역 중 활성화되어 있는 하나의 셀은 반전되어 표시된다.

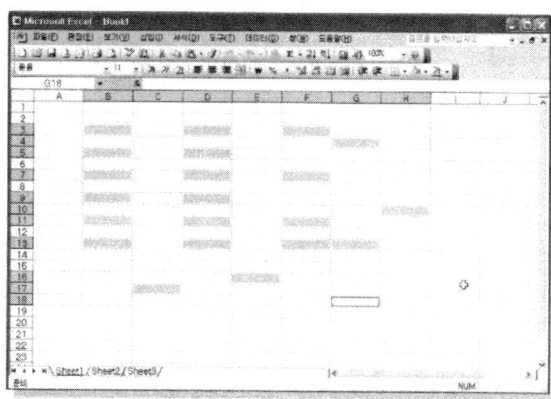

03 비연속적인 여러 개의 셀을 선택하고자 할 경우 〈Ctrl〉 키를 누른 채 마우스로 차례대로 클릭하거나 드래그하여 선택한다.

키보드를 이용한 셀 이동 단축키

단축키	기능
Enter	현재 셀에서 아래 셀로 이동한다.
화살표 (←, →, ↑, ↓)	셀이 좌, 우, 상, 하로 한 칸씩 이동한다.
Tab	현재 셀에서 오른쪽 셀로 이동한다.
Home	현재 셀이 위치한 행의 첫 번째 열인 'A' 열로 이동한다.
PageUp, PageDown	한 화면씩 위/아래로 이동한다.
Ctrl + (←, →, ↑, ↓)	화살표 방향에 따라 데이터가 있는 셀로 이동하거나 이동 방향에 데이터가 없을 경우 마지막 또는 첫 번째 셀로 이동한다.
Ctrl + Home	'A1' 셀로 이동한다.
Ctrl + End	데이터 범위의 끝 셀로 이동한다.
Shift + (←, →, ↑, ↓)	연속된 셀 데이터의 범위를 설정한다.
Shift + Ctrl + (←, →, ↑, ↓)	화살표 방향에 따라 데이터가 있는 만큼 범위를 설정하거나, 이동 방향에 데이터가 없을 경우 마지막 또는 첫 번째 셀까지 범위를 설정한다.

데이터를 입력한 후에는 내용을 수정하거나 변경해야 하는 경우가 자주 발생한다. 데이터를 수정하고, 찾기 및 바꾸기로 단어를 대체하고, 최근 명령을 취소하고, 데이터를 정렬하는 방법에 대해 살펴본다.

학습 목표

- 데이터를 입력하고 수정, 삭제하는 방법을 알 수 있다.
- 실행 취소와 다시 실행하는 방법을 알 수 있다.
- 원하는 단어를 찾아보는 방법과 찾은 단어를 다른 단어로 바꾸는 방법을 알 수 있다.
- 데이터를 순서에 맞게 정렬하는 방법을 알 수 있다.

01 내용 수정

데이터를 입력하고 그 셀을 선택한 후 다른 데이터를 입력하여 기존의 데이터를 삭제하거나 셀의 내용을 일부분만 수정할 수 있다. 셀을 선택한 후 다른 데이터를 입력하면 기존 내용은 삭제된다. 다음의 과정을 통해 일부분만 수정해 보자.

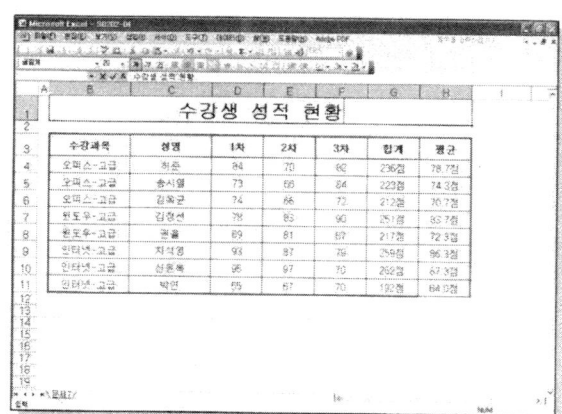

01 셀에 제목을 입력하기 위해서 'B1' 셀을 선택한 후 '수강생 성적 현황'을 입력하고 〈Enter〉 키를 누른다.

〈시작 예제〉 C:\Spreadsheet\Chapter02\S0202-01.xls

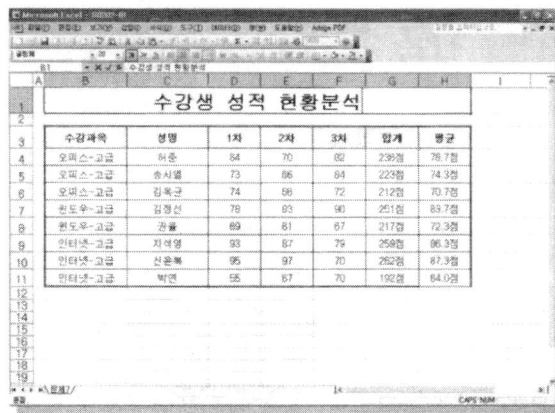

02 제목을 수정하기 위해 'B1' 셀을 선택한 후 〈F2〉 키를 누른 후 커서가 나타나면 입력된 데이터 끝에 '분석'을 입력한다. 그리고 〈Enter〉 키를 누른다.

03 내용을 수정할 셀을 선택한 후 그 셀을 더블 클릭해도 셀 안에 커서가 생긴다. 또는 수정할 셀을 선택한 후 수식 표시줄을 클릭해도 데이터를 수정할 수 있는 커서가 나타난다.

02 실행 취소 및 다시 실행

실행 취소 기능은 문서를 작성할 때 실수를 이전 상태로 되돌려주는 기능이며, 실행 취소한 작업은 다시 실행할 수 있다.

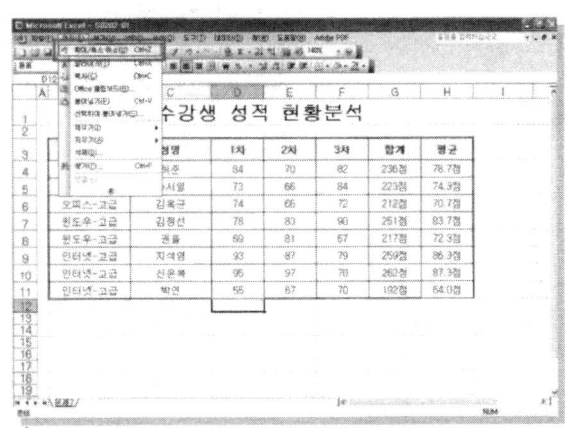

01 최근 명령을 취소하려면 [편집]-[취소] 메뉴를 클릭한다.

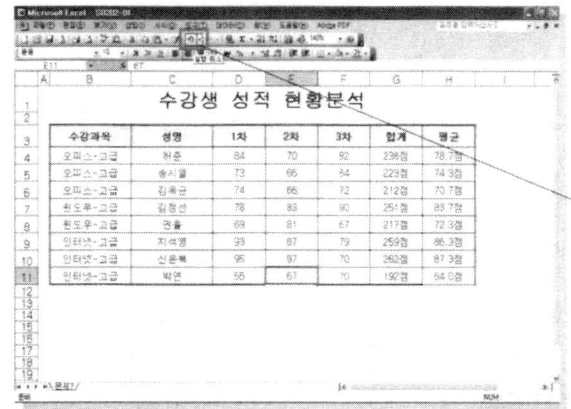

02 실행 취소의 또 다른 방법으로 표준 도구 모음의 [실행 취소] 아이콘()을 클릭하거나 단축키 〈Ctrl+Z〉를 누른다.

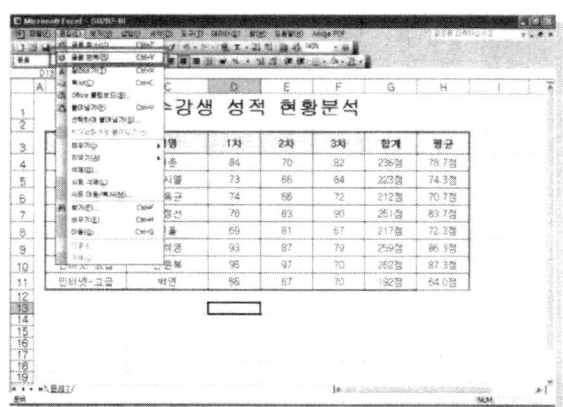

03 이전에 실행 취소했던 것을 다시 실행하려면 [편집]-[반복] 메뉴를 클릭한다.

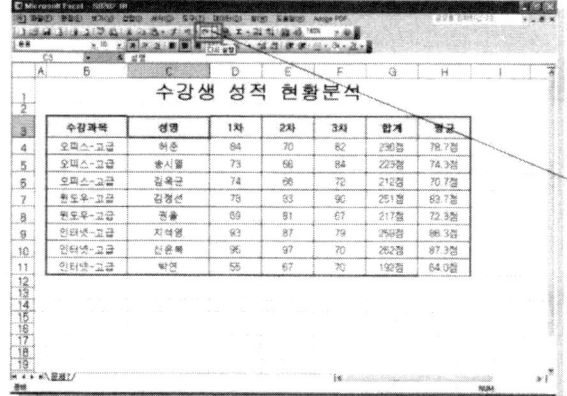

04 또 다른 방법은 표준 도구 모음의 [다시 실행] 아이콘()을 선택하거나 단축키 〈Ctrl+Y〉를 누른다.

여러 단계를 한꺼번에 실행 취소 및 다시 실행

여러 단계의 작업을 한꺼번에 취소하거
나 다시 실행할 수 있다. [실행 취소] 아
이콘(   )과 [다시 실행] 아이콘(   )
의 화살표를 선택하면 실행된 작업이 순
서대로 나타나는데 이때 특정 작업 이름
을 선택하면 파랗게 선택된 모든 작업이
한꺼번에 실행 취소 및 다시 실행된다.

03 찾기

작업 중인 워크시트나 통합 문서 전체에 있는 특정 단어가 있는 위치를 찾는 기능이다. 문
서에서 검색 조건에 맞는 경우 개별적으로 찾기를 할 수 있고 한꺼번에 검토하려면 다음 찾
기를 이용한다.

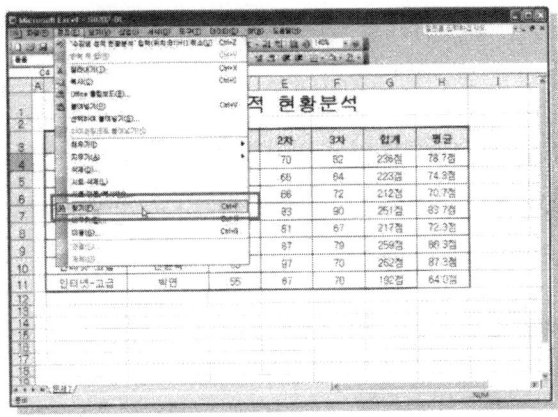

01 [편집]-[찾기] 메뉴를 선택한다.

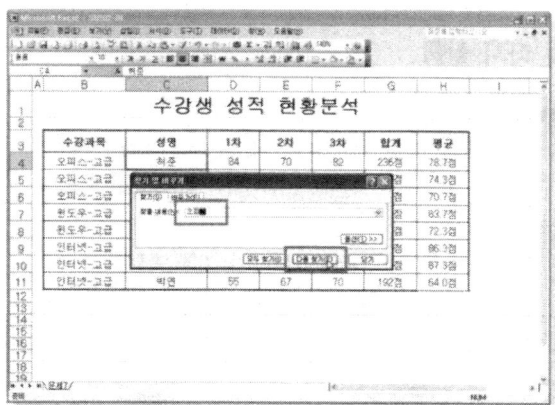

02 [찾기 및 바꾸기] 대화 상자의 [찾기] 탭이 표시되면 [찾을 내용] 입력 상자에 찾을 단어인 '오피스'를 입력한다. [다음 찾기] 단추를 클릭한다.

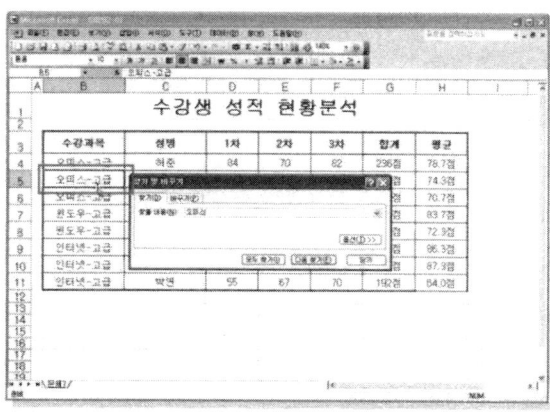

03 해당 단어 위치로 빠르게 이동되어 선택 된다.

04 바꾸기

작업 중인 워크시트나 통합 문서 전체에 있는 특정 단어가 있는 위치를 찾아서 다른 단어로 대체하는 기능이다. 문서에서 검색 조건에 맞는 경우 각각의 경우를 검토하고 개별적으로 바꿀 수도 있고 한꺼번에 모든 단어를 모두 바꾸기 할 수 있다.

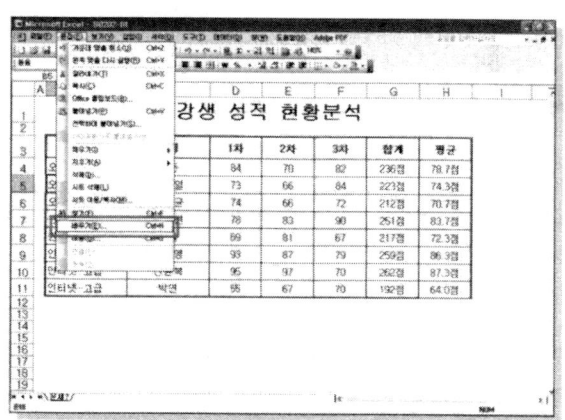

01 [편집]-[바꾸기] 메뉴를 선택한다.

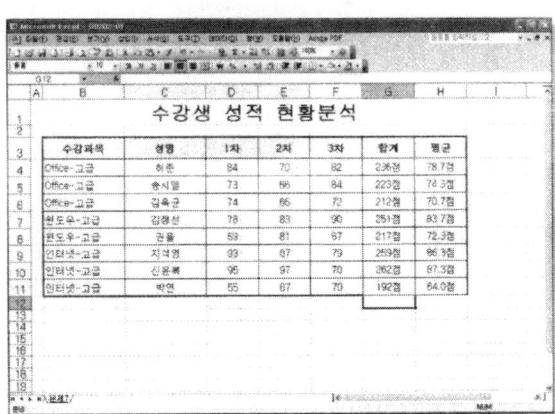

02 [찾기 및 바꾸기] 대화 상자의 [바꾸기] 탭에서 [찾을 내용] 입력 상자에 검색할 단어 '오피스'를 입력하고 [바꿀 내용] 입력 상자에는 변경할 단어 'Office'를 입력한다. [바꾸기] 단추를 클릭하여 단어를 하나씩 변경하거나 [모두 바꾸기] 단추를 클릭하여 단어를 한꺼번에 변경한다.

03 찾기가 끝나고 바뀐 항목의 개수를 알려주는 메시지 창이 표시되면 [확인] 단추를 클릭한다.

04 해당 단어가 모두 바뀌었다.

05 데이터 정렬

입력한 데이터를 숫자 크기순이나 항목 순으로 정렬을 할 수 있다. 텍스트 'A100'이 들어있는 셀은 'A1'이 있는 셀보다 뒤에, 'A11'이 있는 셀보다 앞에 놓인다. 텍스트와 숫자가 함께 들어 있으면 숫자가 우선으로 정렬 된다. 성명순, 성적순으로 정렬을 해보도록 하자.

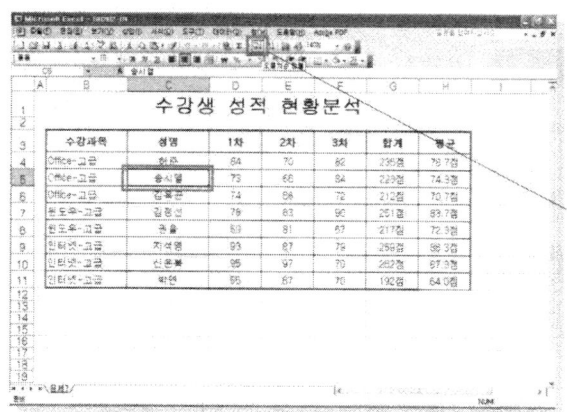

01 성명 순으로 정렬을 하기 위해 성명열의 임의의 데이터인 'C5'셀을 선택한 후 표준 도구 모음의 [오름차순 정렬] 아이콘(   )을 클릭한다.

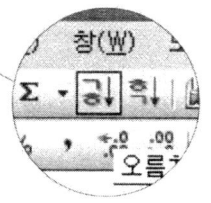

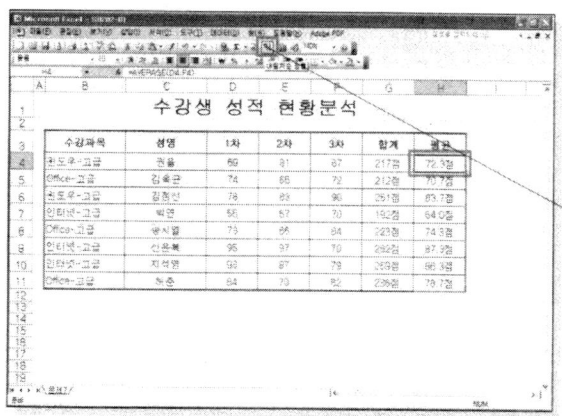

02 성명이 오름차순으로 정렬된 것을 알수 있다. 즉, 작은 값에서 큰 값 순서로 행 전체가 나열된다.

이번에는 평균이 큰 순서대로 정렬하기 위하여 평균 열의 'H4'셀을 선택한 후 [내림차순 정렬] 아이콘(   )을 클릭한다.

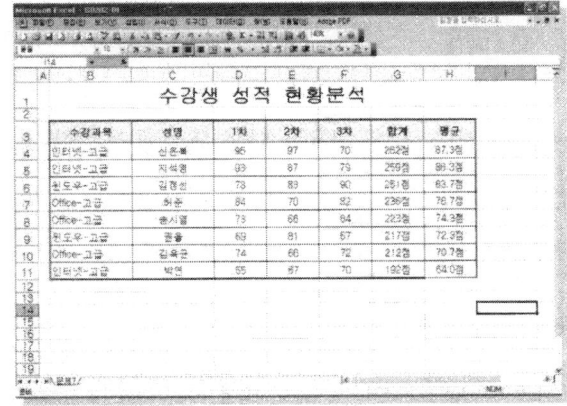

04 평균 점수가 큰 값에서 작은 값 순으로
정렬된 것을 확인 할 수 있다.

Section 03 복사, 이동, 삭제

워크시트에 내용을 작성한 후 다른 위치로 이동하거나, 같은 내용을 다른 위치에 복사할 경우가 있다. 이때 셀 영역을 설정한 후 [복사]나 [잘라내기]를 선택하면, 선택 영역이 클립 보드라는 임시 저장 공간으로 이동되며 이 상태에서 [붙여넣기]를 하면 된다.

학습 목표
- 데이터를 복사하고 이동하는 방법을 알 수 있다.
- 자동 채우기를 사용하여 채우는 방법을 알 수 있다.

01 데이터 이동 및 복사

입력된 데이터를 다른 셀 또는 다른 시트, 파일로 이동하고 복사할 수 있다. 이동 및 복사하고자 하는 데이터의 양이 많거나 멀리 떨어져 있는 셀에 이동 및 복사를 하기 위해서는 메뉴나 단축키를 많이 이용한다.

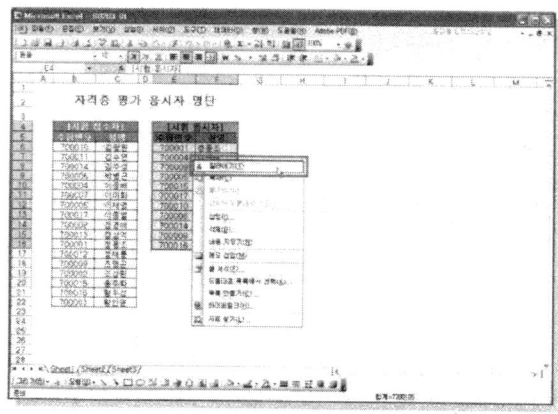

〈시작 예제 C:\Spreadsheet\Chapter02\S0203-01.xls〉

01 셀을 이동하기 위하여 이동하려는 셀 영역을 선택한 다음 ① 마우스 오른쪽 단추를 클릭하며 [잘라내기]를 클릭하거나, ② 단축키 〈Ctrl+X〉를 누른다.

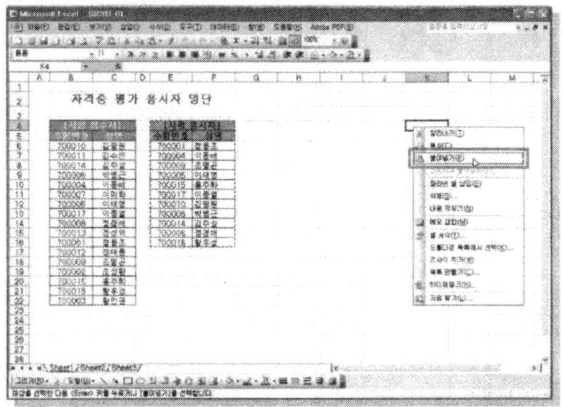

02 선택한 셀 영역의 테두리가 점선으로 표시되면 붙여 넣고자 하는 셀 위에서 ① 마우스 오른쪽 단추를 클릭하여 [붙여넣기]를 선택하거나, ② 단축키 〈Ctrl+V〉를 누른다.

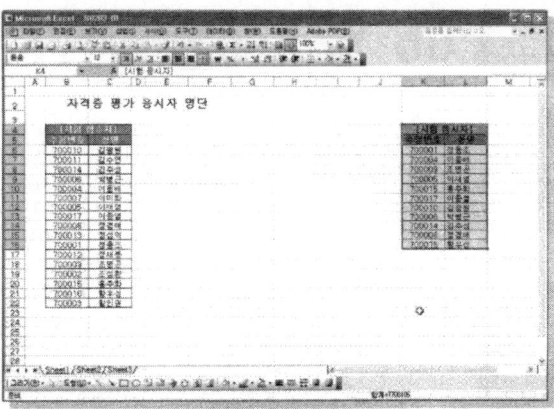

03 선택한 영역이 이동되었다.

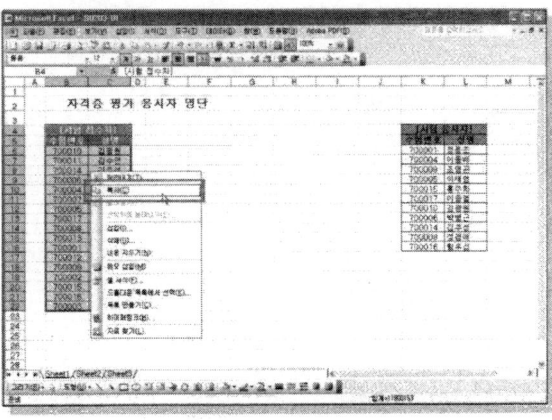

04 이번에는 복사하기 위하여 복사하려는 셀 영역을 선택한 후 ① 마우스 오른쪽 단추를 클릭하여 [복사]를 선택하거나, ② 단축키 〈Ctrl+C〉를 누른다.

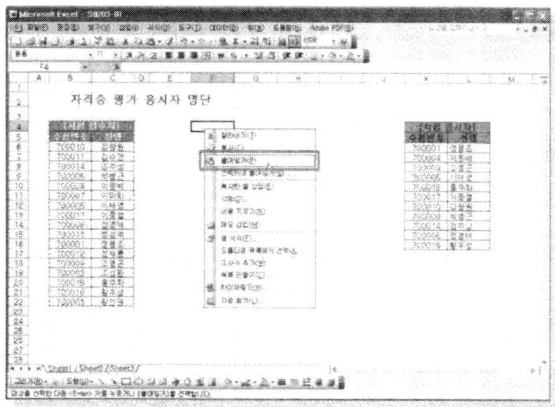

05 선택한 셀 영역의 테두리가 점선으로 표시되면 붙여 넣고자 하는 곳에 셀을 선택하고 마우스 오른쪽 단추를 클릭하여 [붙여넣기]를 선택한다.

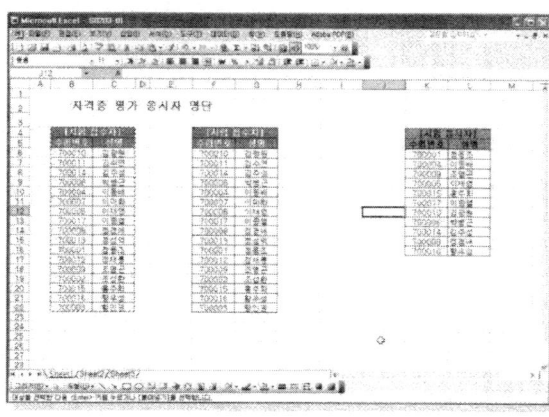

06 선택한 셀 영역에 똑같은 내용이 복사된다.

 다른 시트로 이동 및 복사

현재 통합 문서 안에서 시트를 이동하려면 선택한 시트를 시트 탭들 위로 끈다. 시트를 복사하려면 〈Ctrl〉 키를 누른 채 시트를 끌고 마우스 단추를 놓은 다음 〈Ctrl〉 키에서 손을 뗀다.

02 삭제하기

작성한 문서의 내용이 잘못되었거나 일부분을 지워야 할 때 셀을 선택한 후 〈Delete〉 키를 누르면 선택한 셀 영역에서 내용이 삭제된다. 하지만 서식은 지워지지 않는다. 서식까지 깨끗하게 지우려면 [편집] 메뉴를 이용해야 한다.

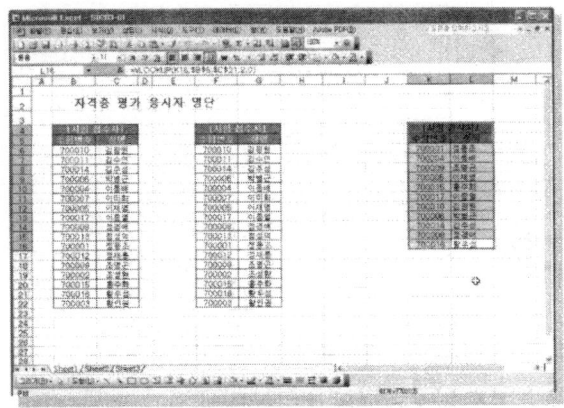

01 지우고자 하는 영역을 범위 지정한다. 범위 지정된 내용을 지우기 위해 〈Delete〉 키를 누른다.

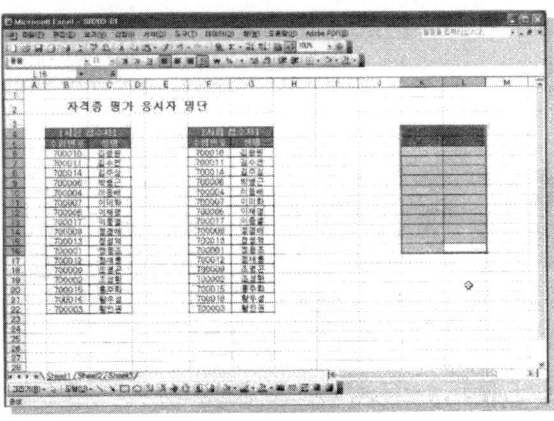

02 선택한 셀 영역의 내용만 지워지고 서식은 그대로 남아 있다.

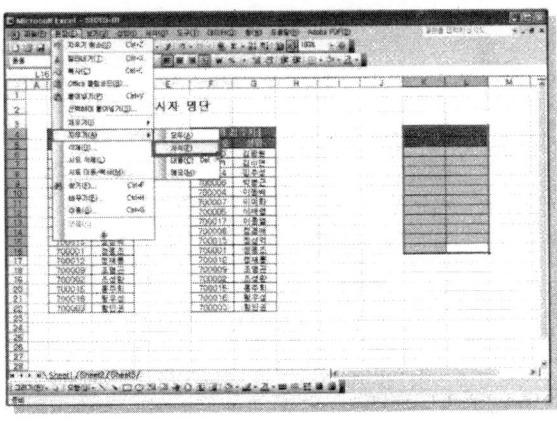

03 남아 있는 서식을 지우기 위해서는 범위를 지정한 후 [편집]-[지우기]-[서식] 메뉴를 클릭한다.

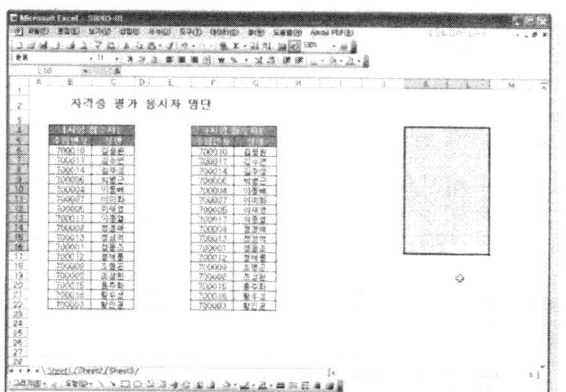

04 서식과 내용이 모두 깨끗하게 삭제 되었다.

03 자동 채우기(문자 데이터)

셀에 입력된 데이터가 숫자, 날짜, 시간 등과 같이 값이 확장될 수 있는 속성을 가지고 있으면 셀의 채우기 핸들을 이용하여 같은 행이나 열에 자동으로 연속된 데이터를 채울 수 있다. 셀에 '1월' 이라는 데이터가 입력되어 있으면 이웃한 행이나 열에 '2월', '3월', … 로 자동 채우기 형태의 데이터를 입력할 수 있다. 또한 '4월 1일', '월 1일', '6월 1일', … 등과 같이 날짜 데이터를 자동 채우기로 쉽게 입력할 수 있다.

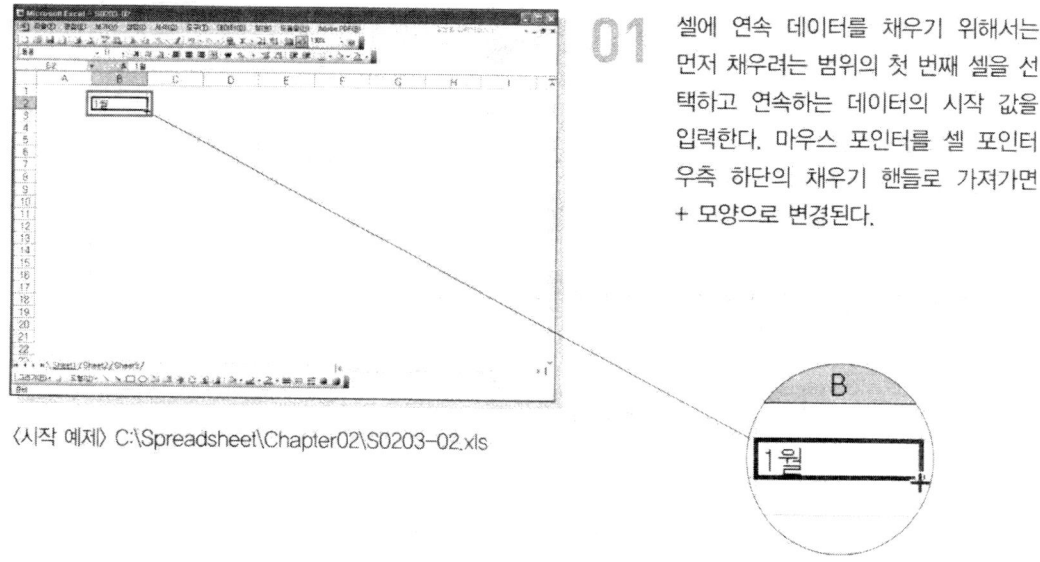

01 셀에 연속 데이터를 채우기 위해서는 먼저 채우려는 범위의 첫 번째 셀을 선택하고 연속하는 데이터의 시작 값을 입력한다. 마우스 포인터를 셀 포인터 우측 하단의 채우기 핸들로 가져가면 + 모양으로 변경된다.

〈시작 예제〉 C:\Spreadsheet\Chapter02\S0203-02.xls

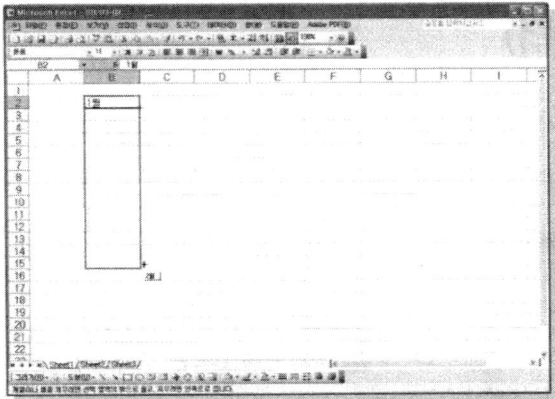

02 채우기 핸들을 원하는 데이터의 스크린 팁이 나타날 때까지 아래쪽으로 드래그한다.

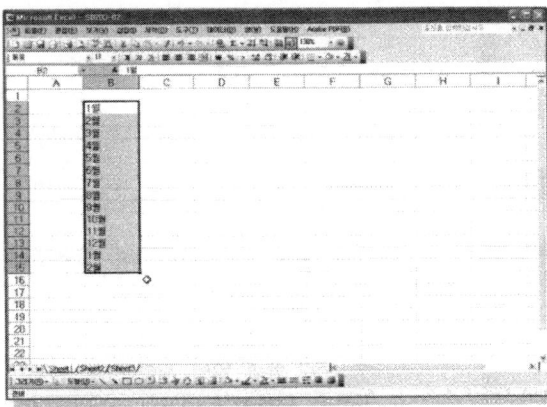

03 원하는 위치에서 마우스를 놓으면 1월씩 증가되는 연속 데이터가 채워진다.

 문자 데이터 채우기

연속 데이터 중에서 반복을 시작할 첫 번째 데이터는 어떤 값을 입력해도 그 값을 시작 값으로 간주하게 되나 연속될 수 없는 속성을 가진 데이터의 경우에는 동일한 데이터가 복사된다.

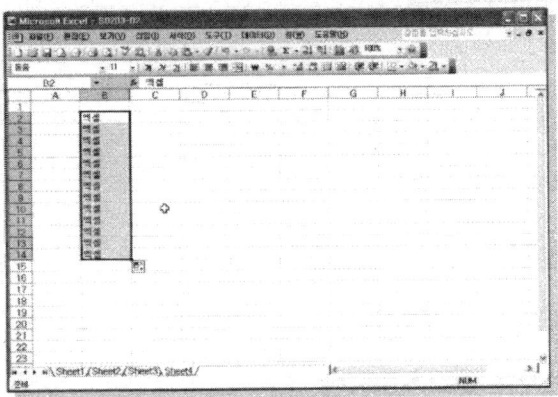

04 자동 채우기(숫자 데이터)

숫자인 경우에 데이터가 지정한 값만큼 늘어나게 하려면 두 개의 셀에 첫 번째 값과 두 번째 값을 입력한다. 여기에서 입력한 두 개의 데이터 차이가 연속 데이터의 증감 값이 된다.

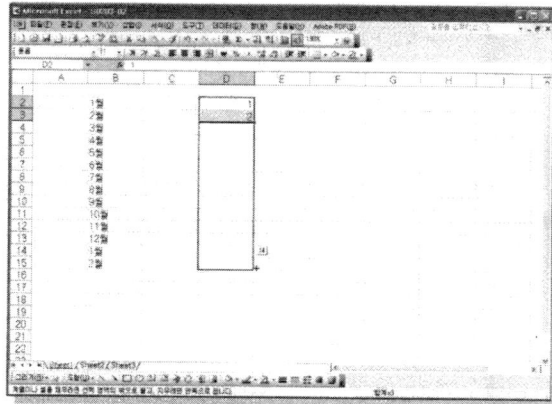

01 두 개의 셀에 첫 번째 값과 두 번째 값을 입력한다. 입력한 두 개의 숫자를 범위 지정한 후 채우기 핸들을 원하는 위치까지 드래그한다.

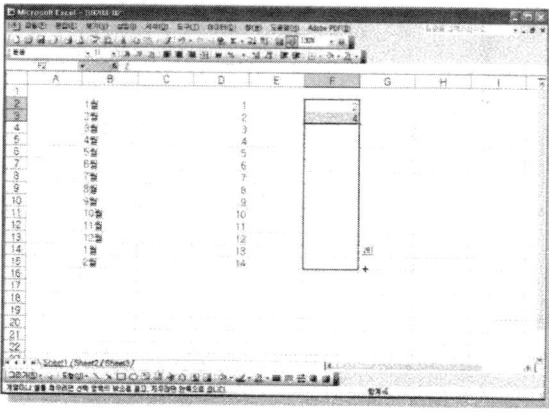

02 짝수 값을 채우기 위하여 'F2' 셀에 '2'를 입력하고 'F3' 셀에 '4'를 입력한다.
두 개의 셀을 범위 지정한 후 채우기 핸들을 원하는 데이터의 스크린 팁이 나타날 때까지 아래쪽으로 드래그한다. 2씩 증가하는 짝수 값이 채워진다.

다양한 방법으로 연속 데이터 채우기

❶ 단축키로 연속 숫자 데이터 자동 채우기

1씩 증가하는 숫자 데이터의 연속 채우기는 첫 번째 숫자를 입력한 후 〈Ctrl〉 키를 누른 상태에서 원하는 위치까지 드래그 한다.

❷ 메뉴를 이용하여 연속 데이터 채우기

셀 범위를 선택한 후 [편집]-[채우기]-[연속 데이터] 메뉴를 선택한다. [연속 데이터] 대화 상자에서 방향, 유형, 단계 값, 종료 값을 설정하고 [확인] 단추를 클릭한다.

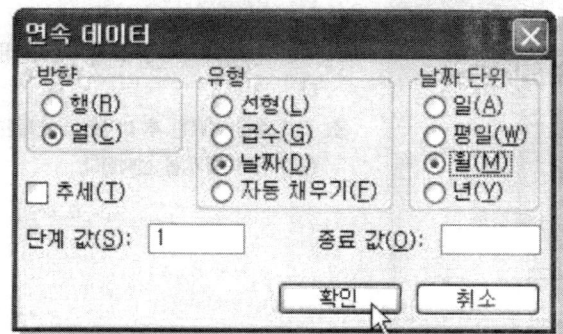

❸ 마우스 오른쪽 단추로 채우는 방법

날짜 데이터 '9-13'을 입력한다. 날짜 형식으로 입력된 셀에서 채우기 핸들을 마우스 오른쪽 단추를 클릭하여 원하는 지점까지 드래그 한 후 나타나는 메뉴 중에 원하는 채우기 문서를 선택한다.

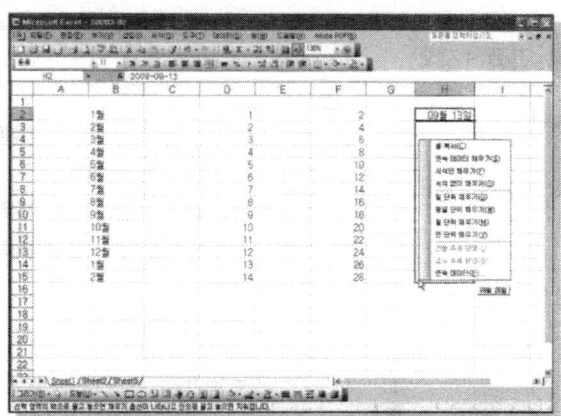

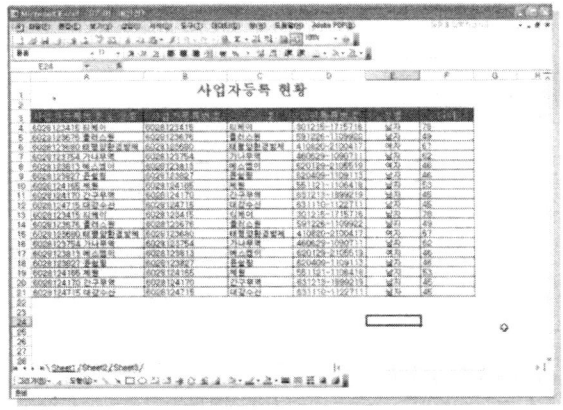

Self Task

Task1

'S2-01-st.xls' 파일을 열고 'A4:F12'셀을 복사하여 'A13'셀에 붙여넣기 하시오.

1. 'S2-01-st.xls' 파일을 연 후 'A4:F12' 셀을 범위 지정한다.
2. 마우스 오른쪽 단추를 클릭하여 [복사]를 선택한다.
3. 'F13' 셀을 선택한 후 마우스 오른쪽단추를 클릭한 후 [붙여넣기]를 선택한다.

〈시작 예제〉 C:\Spreadsheet\Chapter02\S2-01-st.xls

Task2

새 문서를 열고 '5'씩 증가하는 값을 입력하시오.

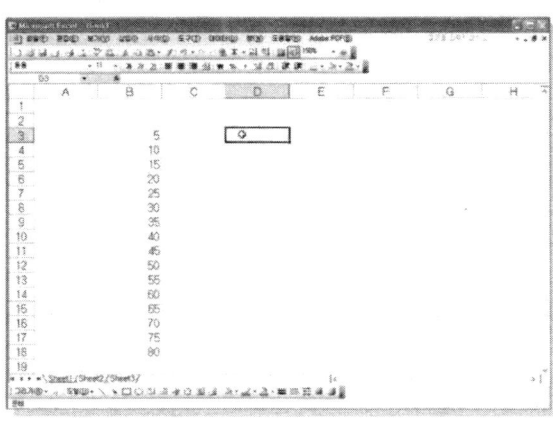

1. 셀에 초기 값 '5'를 입력하고 다음 셀에 초기 값보다 '5'가 큰 '10'을 입력한다.
2. 두개의 셀을 범위 지정한 한 후 채우기 핸들을 마우스 왼쪽 단추를 클릭하여 아래로 드래그한다.
3. 5씩 증가하는 값이 채워졌다.

Chapter 03

워크시트 관리

Chapter 03
워크시트 관리

>>> 새로운 행과 열을 삽입 및 삭제와 같은 관리 방법과 새로운 시트를 삽입하여 이동/복사 등의 시트 관리 방법을 알아보고자 한다.

워크시트를 작성하다 보면 셀을 추가하거나 삭제 또는 행과 열을 추가하거나 삭제를 해야 할때가 있다. 지정되어 있는 행의 높이나 열의 너비를 문서의 스타일에 따라 조절해야 하는 경우도 생긴다.

학습 목표
- 행과 열을 범위 지정하여 삽입하고 삭제하는 방법을 알 수 있다.
- 행과 열의 너비를 조정할 수 있다.
- 행과 열을 삭제할 수 없을 때 숨기기 기능을 이용할 수 있다.

01 행 및 열 범위 설정

행과 열 단위로 서식이나 다른 작업을 하기 위해서는 행과 열을 범위 지정해야 한다. 행과 열 단위로 범위 지정하는 것을 실습해보도록 한다.

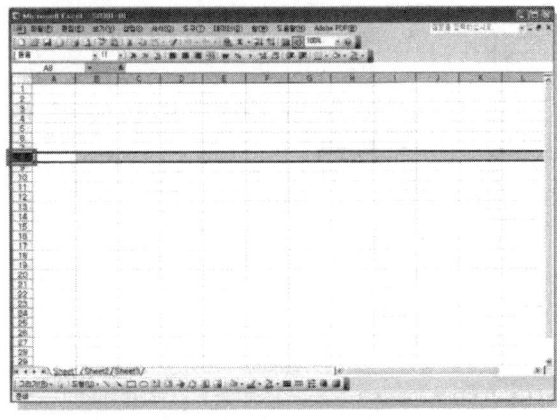

01 빈 새 통합 문서를 열고 행과 열 단위로 셀 범위를 설정할 경우에는 반드시 행 머리글과 열 머리글을 선택해야 한다. 행 머리글 중 [8]을 선택 한 결과이다. 8행에 있는 256개의 셀이 선택되었다.

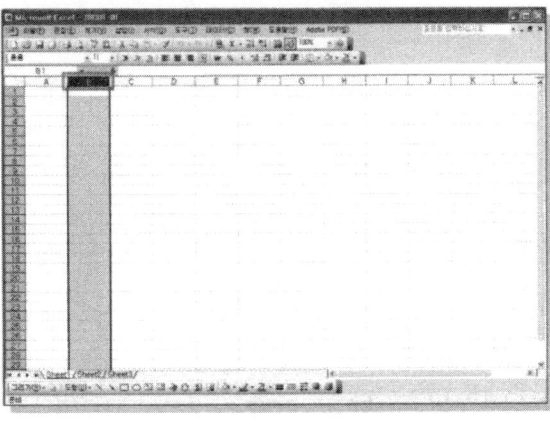

02 열 머리글 중 [B] 열을 선택한 결과이다. [B] 열에 있는 65,536개의 셀이 선택되었다.

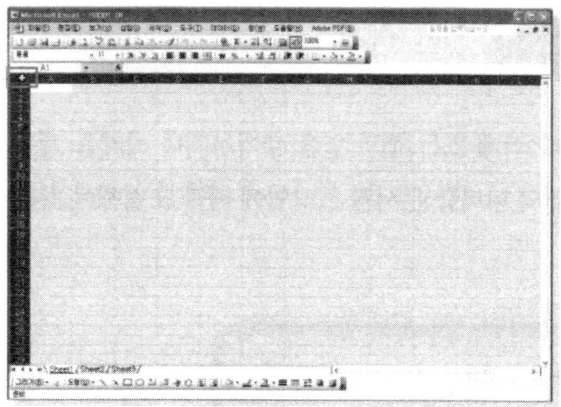

03 현재 선택된 시트의 전체를 범위 설정
할 경우는 행 머리글과 열 머리글이 교
차되는 부분의 단추를 클릭한다.

02 행과 열 삽입 및 삭제

행과 열 단위로 삽입 또는 삭제하는 것을 실습해보도록 한다. 행과 열 단위로 삽입 및 삭제
작업을 하기 위해서는 선택하는 범위를 행 또는 열 단위로 설정한 후 마우스 오른쪽 단추를
이용하거나 메뉴를 이용할 수 있다.

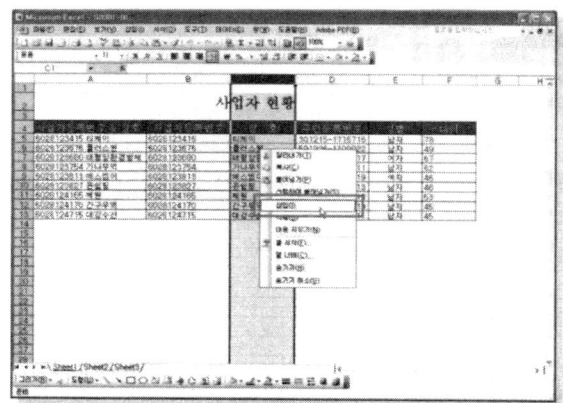

01 C열 앞에 빈 열을 삽입하기 위하여 열
머리글 중 [C] 열을 선택한다. [C] 열
전체가 선택된 상태에서 오른쪽 마우
스 단추를 클릭하여 [삽입] 메뉴를 선
택한다.

〈시작 예제〉 C:\Spreadsheet\Chapter03\S0301-01.xls

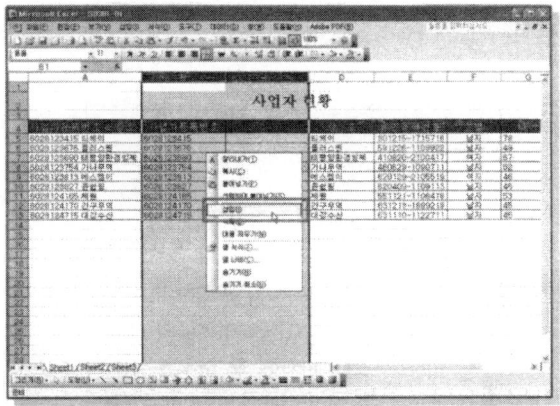

02 2개 이상의 열을 동시에 삽입하고자 할 경우는 원하는 개수만큼의 열을 범위 설정한 후 선택한 열 머리글 위에서 마우스 오른쪽 단추를 눌러 [삽입] 메뉴를 선택한다.

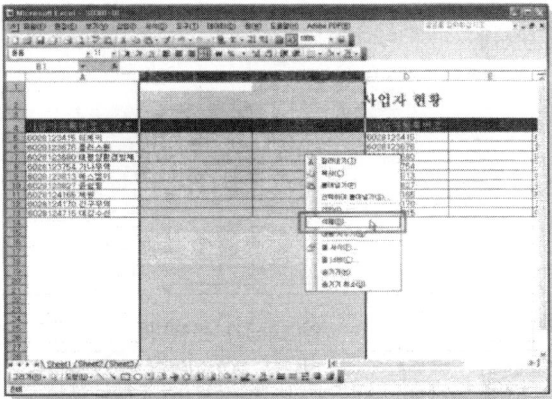

03 불필요한 열을 삭제하고자 할 경우는 원하는 개수 만큼의 열 전체를 선택한 후 오른쪽 마우스 단추를 클릭하여 [삭제] 메뉴를 선택한다.

04 선택한 열이 삭제되었다. 행을 삽입 또는 삭제할 경우도 행 전체를 선택한 후 동일한 방법을 이용한다.

03 행 높이와 열 너비 조정

셀에 데이터를 입력할 때 열 너비보다 문자의 길이가 길 경우 문자 데이터는 인접한 옆의 셀에 걸쳐서 입력되고, 숫자 데이터는 ###의 기호가 나타난다. 이러한 경우는 열의 너비를 데이터에 맞게 조절을 해주어야 한다.

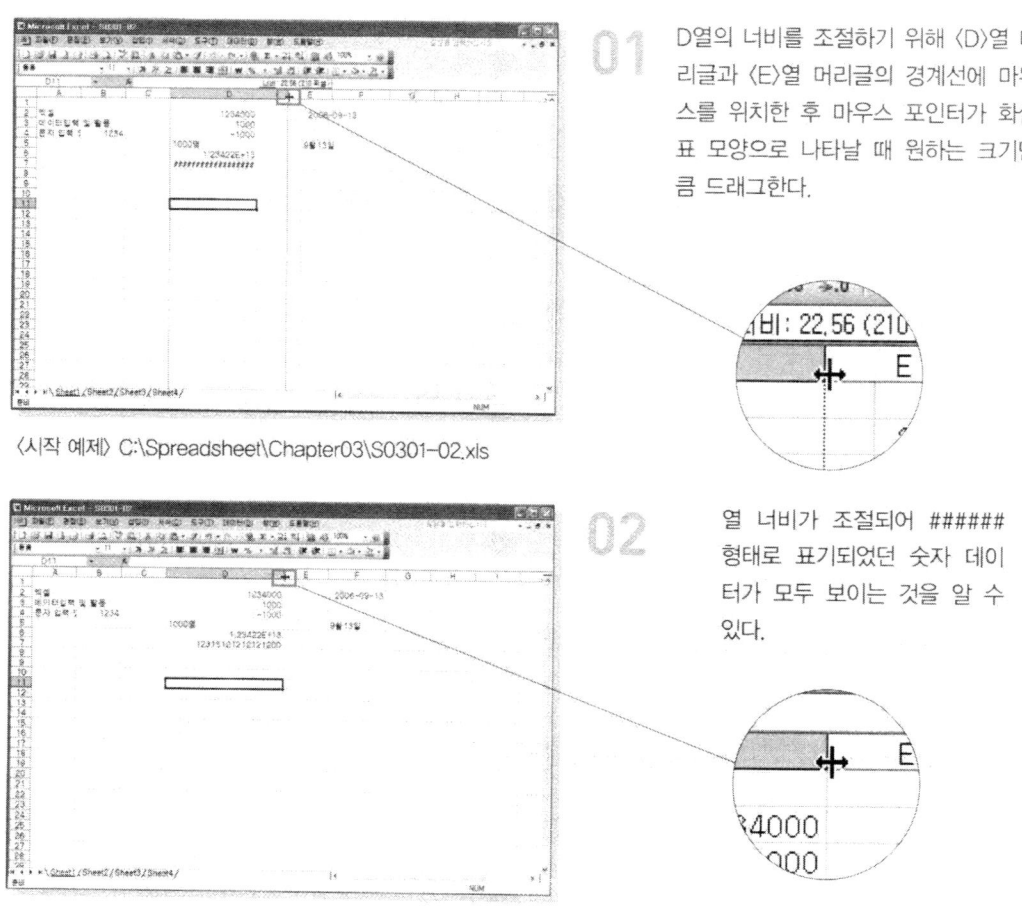

01 D열의 너비를 조절하기 위해 〈D〉열 머리글과 〈E〉열 머리글의 경계선에 마우스를 위치한 후 마우스 포인터가 화살표 모양으로 나타날 때 원하는 크기만큼 드래그한다.

〈시작 예제〉 C:\Spreadsheet\Chapter03\S0301-02.xls

02 열 너비가 조절되어 ###### 형태로 표기되었던 숫자 데이터가 모두 보이는 것을 알 수 있다.

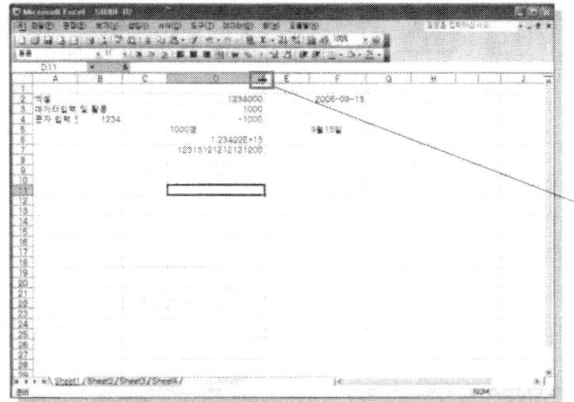

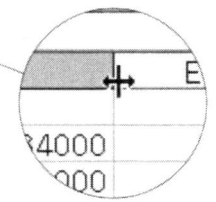

03 열 머리글의 크기 조절 마우스 포인터 모양에서 더블 클릭한다. 더블 클릭하여 크기를 변경할 경우는 열에 입력된 모든 데이터 중 가장 길이가 긴 데이터에 맞게 조절된다.

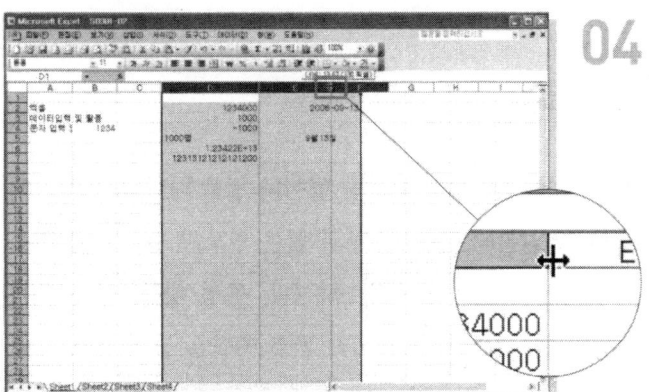

04 2개 이상의 열 너비를 같은 크기로 변경하고자 할 경우는 크기를 동일하게 변경하고자 하는 여러 개의 열을 선택한 후 그 중 하나의 열 너비를 변경한다. 여기서는 [D] 행부터 [F] 행까지를 범위 설정 한 후 [E] 열의 너비를 조절한다.

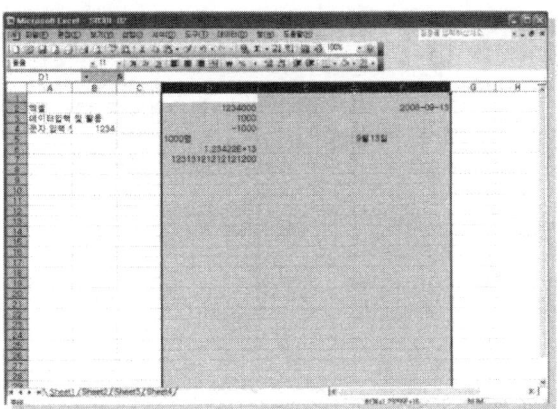

05 D열~F열의 3개의 열이 동일한 너비로 변경되었다.

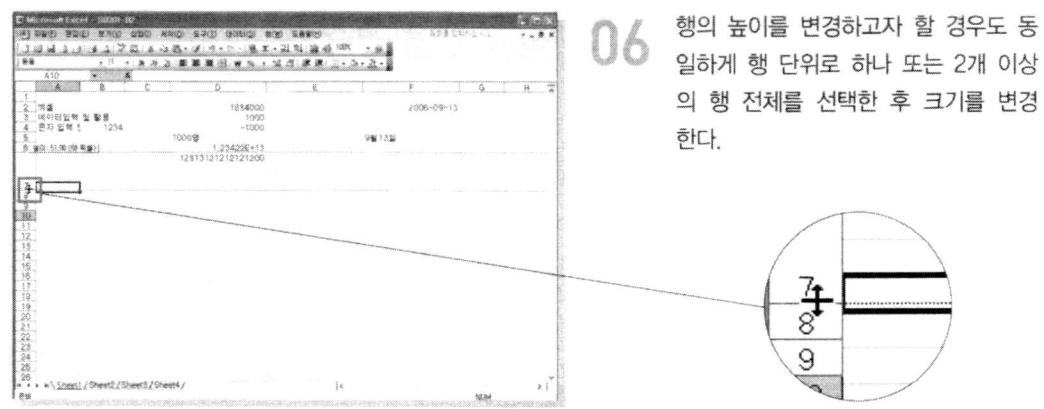

06 행의 높이를 변경하고자 할 경우도 동일하게 행 단위로 하나 또는 2개 이상의 행 전체를 선택한 후 크기를 변경한다.

04 행 및 열 숨기기 및 취소

특정한 행이나 열을 숨겨 화면에 보이지 않게 감추거나 숨겨진 행이나 열을 나타내는 기능이다. 숨겨진 행이나 열의 머리글은 표시되지 않는다. 숨겨진 행과 열은 별도로 숨기기를 취소해야 한다. 모든 숨겨진 행이나 열을 한꺼번에 숨기기를 취소하거나, 특정 행/열 만 숨기기취소하려면 숨겨진 행이나 열 좌우의 머리글만 선택하고 숨기기 취소 명령을 실행 한다.

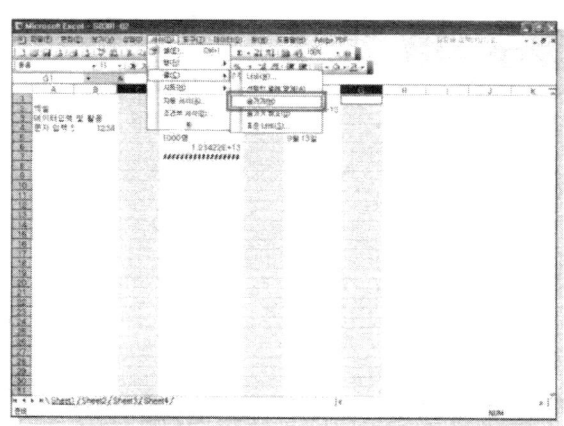

01 숨기고자 하는 열 머리글을 〈Ctrl〉 키를 누른 채 마우스로 클릭하여 선택하고 [서식]-[열]-[숨기기] 메뉴를 선택한다.

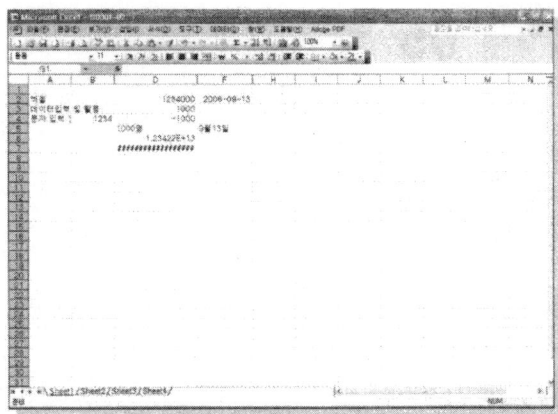

02 선택했던 C, E, G 열이 숨겨진 것을 볼 수 있다.

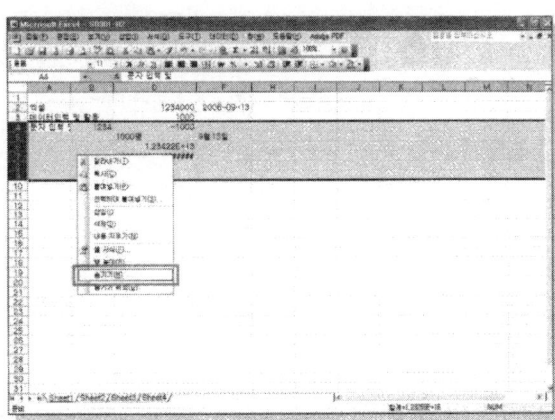

03 숨길 행 머리글을 선택하고 머리글 위에서 마우스 오른쪽 단추를 눌러 [숨기기] 메뉴를 선택한다.

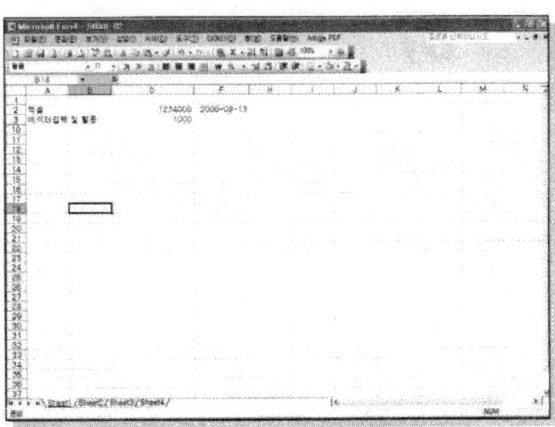

04 행과 열이 모두 숨겨진 것을 볼 수 있다.

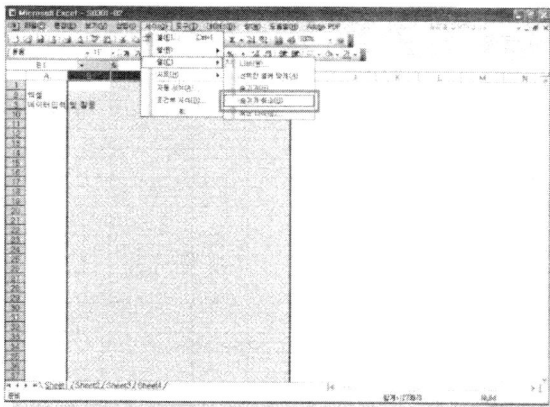

05 숨기기를 취소할 열의 좌우 머리글을 모두 선택하고 [서식]-[열]-[숨기기 취소] 메뉴를 선택한다.

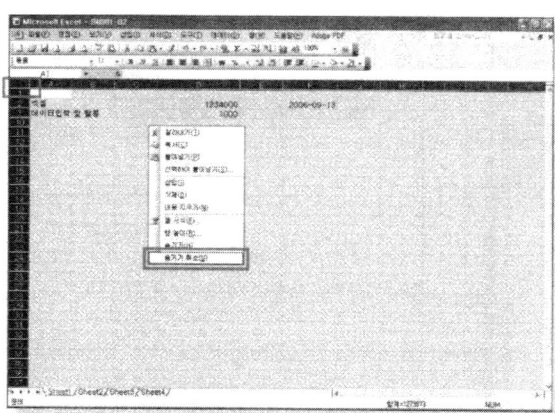

06 숨겨진 행과 열이 많다면 워크시트 전체를 선택한 후 마우스 오른쪽 단추를 눌러 [숨기기 취소] 메뉴를 선택한다.

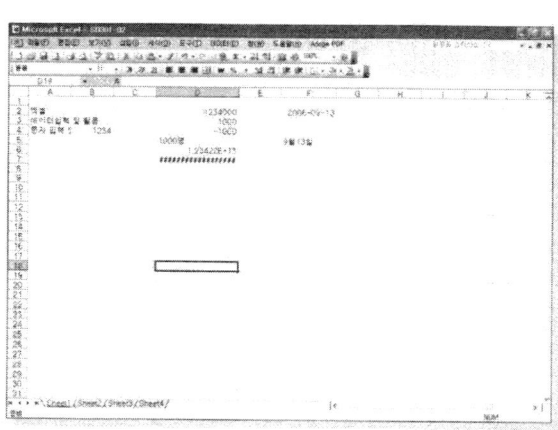

07 숨겨진 행과 열이 모두 표시된다.

새 워크시트를 삽입하고, 불필요한 시트를 삭제하고, 알아보기 쉬운 시트 이름으로 변경하고, 다른 위치로 이동 및 복사하는 과정을 살펴본다.

학습 목표
• 워크시트를 삽입, 삭제, 이름 변경하는 방법을 알 수 있다.
• 워크시트 복사하고 이동하는 방법을 알 수 있다.

01 워크시트란?

워크시트란 데이터를 저장하고 작업하기 위해 스프레드시트에서 사용하는 기본 문서이다. 워크시트는 열과 행으로 구성되는 셀로 이루어지며, 하나의 통합 문서 안에 저장된다.

엑셀의 통합 문서는 기본적으로 세 개의 워크시트를 갖지만 이 개수는 옵션에서 설정이 가능하다. 처음으로 보이는 시트는 'Sheet1'이다. 하단의 시트 탭을 선택하면 나머지 시트로 이동하여 다른 작업을 할 수 있다.

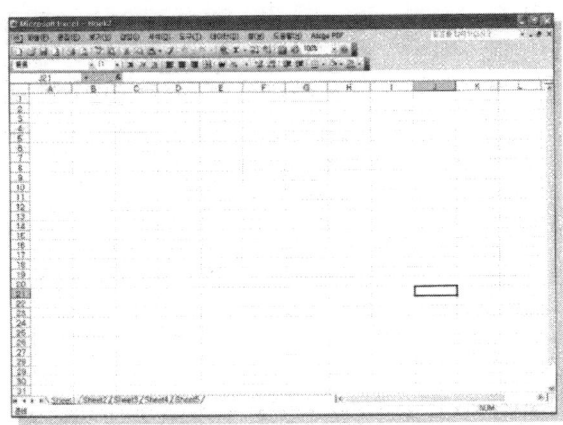

02 워크시트 삽입 및 삭제

엑셀을 처음 실행하면 여러 개의 워크시트로 이루어진 통합 문서가 실행된다. 사용자는 워크시트 삽입과 삭제를 이용하여 필요한 만큼 워크시트의 개수를 조절할 수 있다.

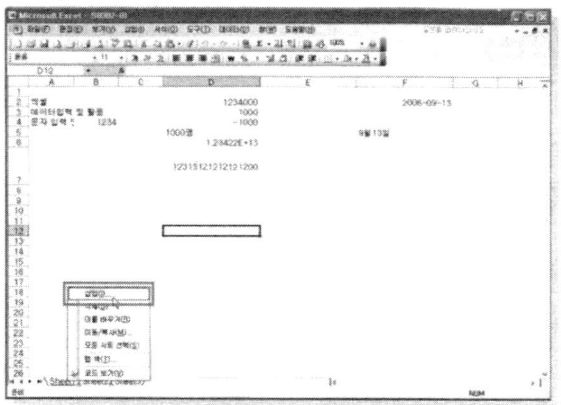

〈시작 예제〉 C:\Spreadsheet\Chapter03\S0302-01.xls

01 새로운 워크시트를 삽입하기 위해서는 삽입하고자 하는 시트 이름 위에서 마우스 오른쪽 단추 클릭하여 [삽입] 메뉴를 선택한다.

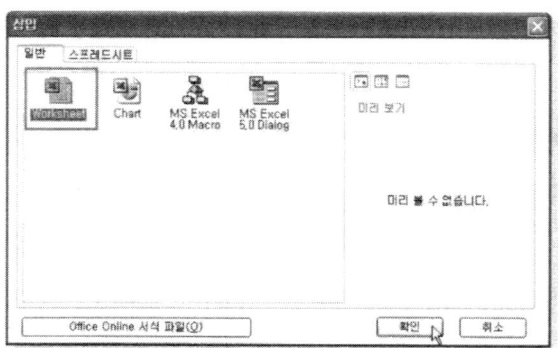

02 삽입할 시트의 종류 중에서 'Worksheet'를 선택하고 [확인] 단추를 클릭한다.

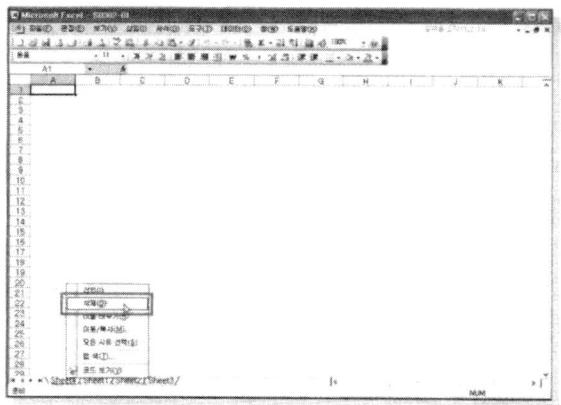

03 Sheet1 앞에 Sheet4가 삽입되었다. 불필요한 시트를 삭제하고자 할 경우는 삭제하고자 하는 시트 이름 위에서 마우스 오른쪽 단추를 클릭한 후 [삭제] 메뉴를 선택한다.

04 삭제 여부를 확인하는 대화 상자가 나타나고 [삭제] 단추를 클릭하면 선택된 시트는 삭제된다.

03 워크시트 이름 변경

기본적으로 워크시트의 이름은 Sheet1, Sheet2, Sheet3으로 카운트되어 매겨지나 사용자가 알아보기 쉬운 이름으로 변경할 수 있다.

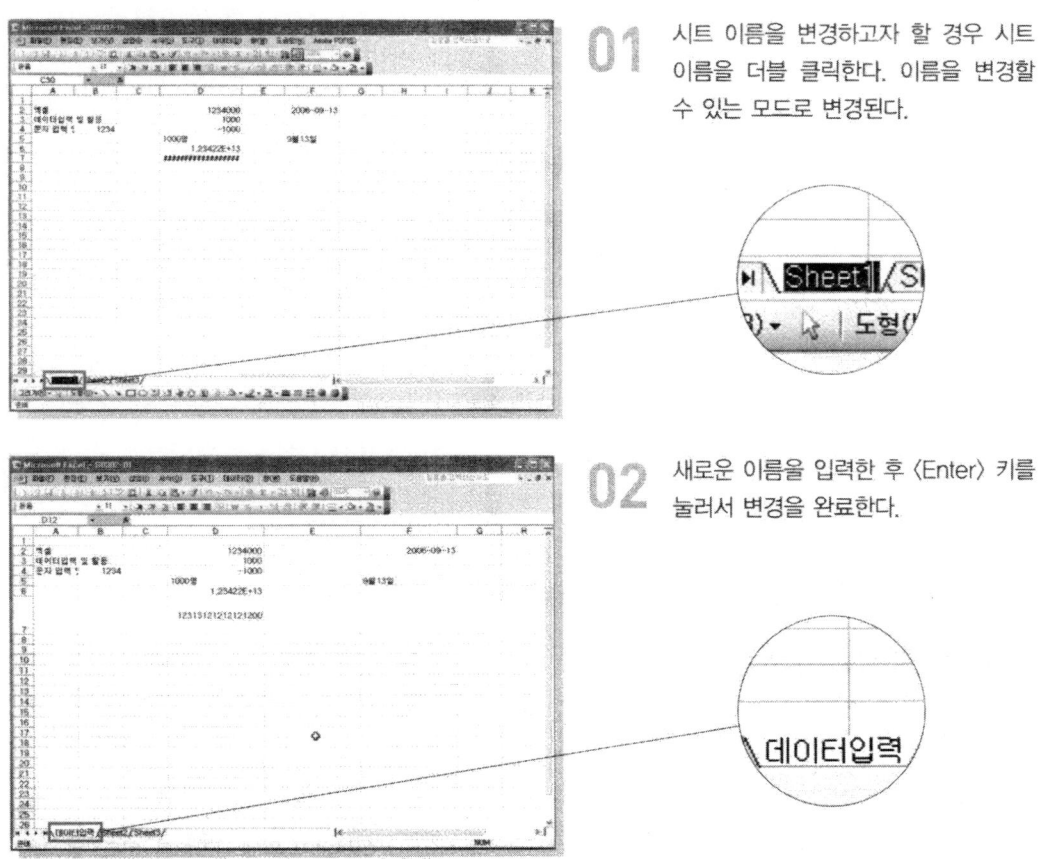

01 시트 이름을 변경하고자 할 경우 시트 이름을 더블 클릭한다. 이름을 변경할 수 있는 모드로 변경된다.

02 새로운 이름을 입력한 후 〈Enter〉 키를 눌러서 변경을 완료한다.

04 워크시트 이동 및 복사

시트를 이동하여 시트간의 순서를 정렬해 보거나 복사를 하여 같은 내용의 시트를 여러 개로 관리할 수 있다. 이동할 시트의 위치가 근접해 있을 경우는 드래그하여 이동하는 것이 편리하고, 많은 개수의 시트가 존재할 때 떨어져 있는 곳으로 이동하고자 할 경우는 메뉴를 이용한다. 같은 파일 내에 시트를 복사해서 사용하면 동일한 양식에 서로 다른 데이터를 입력하거나 비슷한 형태의 문서를 제작할 때 편리하게 활용할 수 있다.

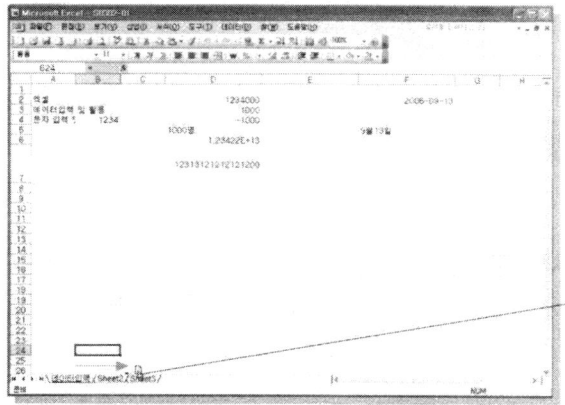

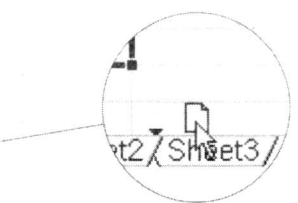

01 시트의 위치를 이동하기 위해서는 시트 이름을 클릭하여 원하는 위치로 드래그한다.

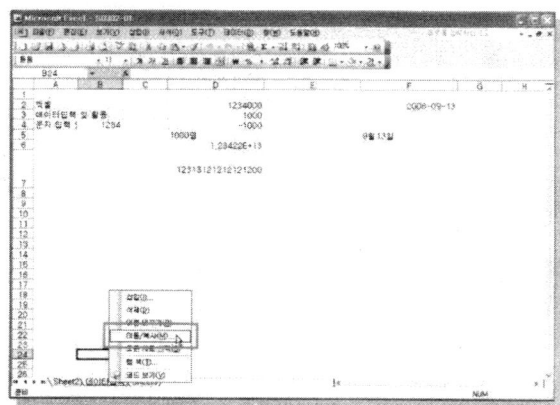

02 시트의 위치를 이동하는 또 다른 방법은 시트 이름 위에서 마우스 오른쪽 단추를 클릭하여 [이동/복사] 메뉴를 클릭한다.

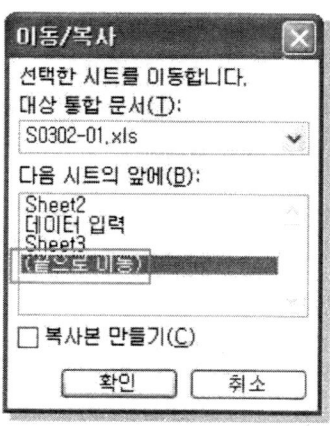

03 [이동/복사] 대화 상자에서 [대상 통합 문서]는 이동하고자 하는 파일을 지정할 수 있고, [다음 시트의 앞에]에서 이동 위치를 지정할 수 있다.
현재의 파일의 맨 마지막 시트 위치로 이동하기 위해 '끝으로 이동'을 선택하고 [확인] 단추를 클릭한다.

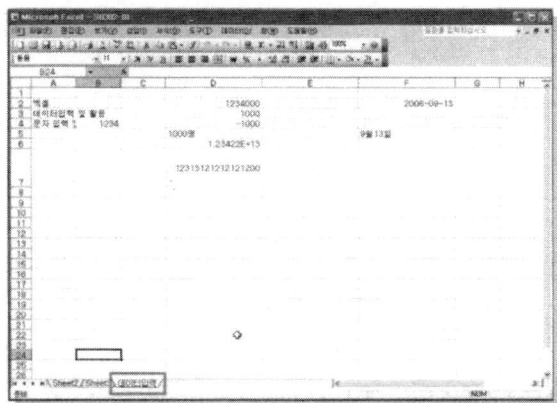

04 [데이터입력] 시트가 맨 마지막으로 이동하였다. 또한 다른 파일로 시트를 이동할 경우도 메뉴를 이용하면 더 편리하다.

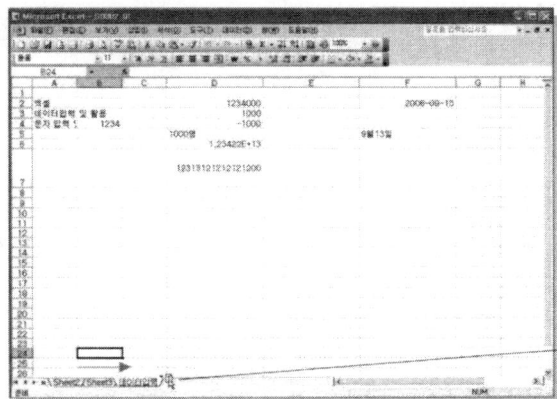

05 시트를 복사하는 경우 이동하는 방법도 비슷하게 활용할 수 있다. 같은 파일의 근접한 위치로 시트를 이동할 경우는 키보드의 〈Ctrl〉 키를 누른 상태에서 시트 이름을 원하는 위치로 드래그한다.

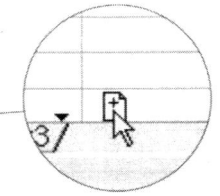

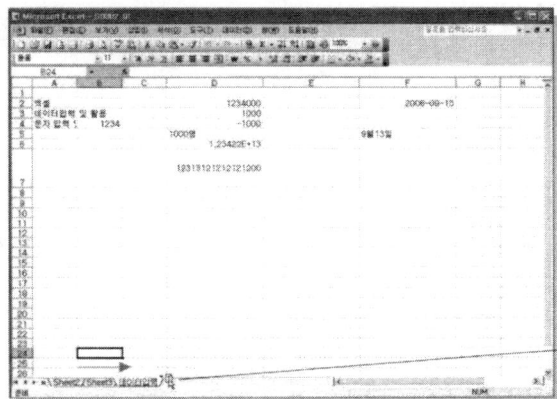

06 드래그 한 위치에 동일한 시트가 복사되어 시트 이름은 '데이터입력(2)'로 나타나 있다.
메뉴를 활용하여 시트를 복사할 경우는 시트 이름 위에서 마우스 오른쪽 단추를 클릭하여 [이동/복사] 메뉴를 선택한다.

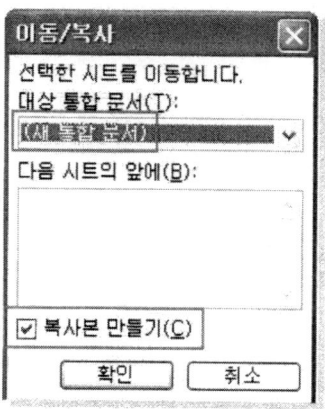

07 이번에는 다른 파일에 시트를 복사하기 위하여 [대상 통합 문서]를 '(새 통합 문서)'로 변경하고, '복사본 만들기'를 선택하고 [확인] 단추를 누른다.

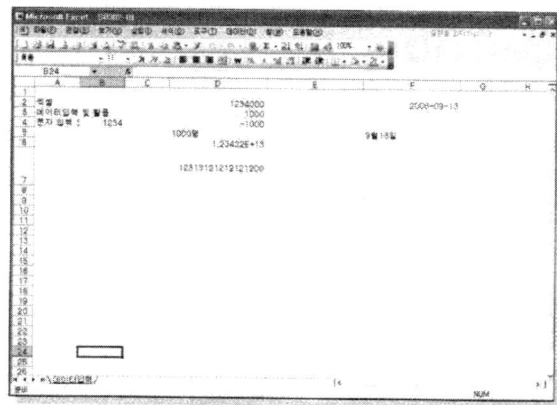

08 새로운 통합 문서가 생성되고 '데이터 입력' 시트가 복사되어 나타난다.

 새 통합 문서의 시트 수

[도구]-[옵션] 메뉴를 선택하여 [일반] 탭에서 변경한 시트 수는 현재 작업 중이거나 이미 작업이 완료되어 저장된 문서에는 적용되지 않는다. 앞으로 새롭게 만들어질 통합 문서부터 적용된다.

05 시트 탭의 색상 변경

시트 탭의 이름만으로 구분하기 힘들 경우에는 시트 탭의 색상을 바꾸면 워크시트를 구별하기 더욱 쉬워진다.

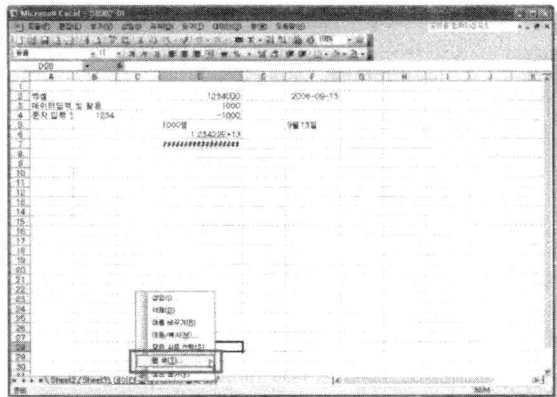

01 [데이터입력] 시트 위에서 마우스 오른쪽 단추를 눌러 [탭 색]을 선택한다.

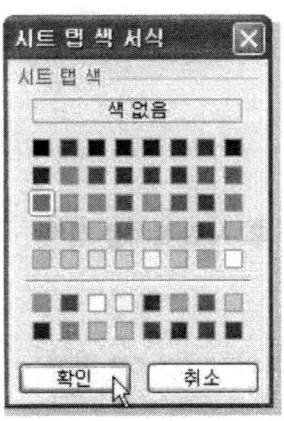

02 [시트 탭 색 서식] 대화 상자가 나타난다. 바꾸려는 색상을 선택한 후 [확인] 단추를 클릭한다.

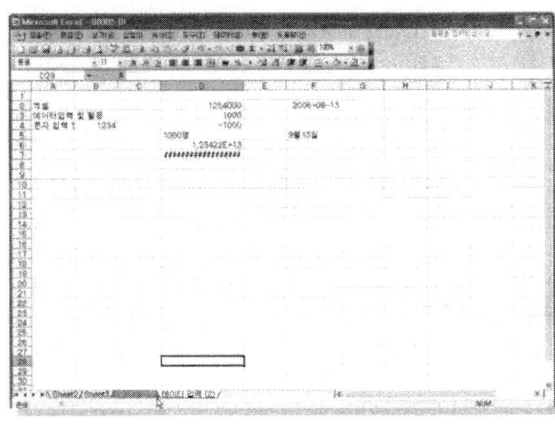

03 다른 시트 탭을 클릭하여 이동하면 시트 탭의 색상이 바뀌어 있는 것을 확인할 수 있다.

Task1

'S03-01-st.xls' 파일을 열고 [B] 열과 [C] 열을 삭제하시오.

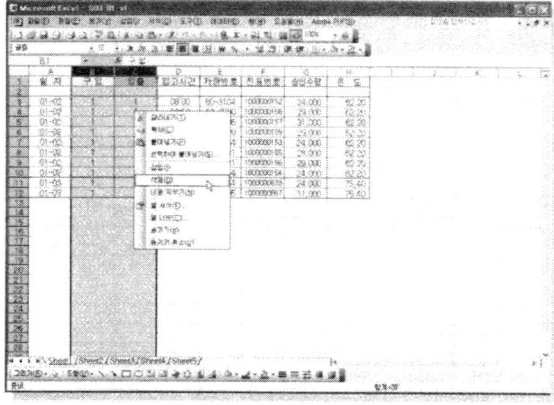

1. [파일]-[열기]를 선택한다.
2. [열기] 대화 상자에서 'S03-01-st.xls'을 선택한 후 [열기] 단추를 클릭한다.
3. 마우스를 이용하여 열 번호인 [B] 열을 선택한 후 드래그하여 [C] 열을 선택한다.
4. 마우스 오른쪽 단추를 클릭하여 [삭제]를 선택한다.
5. 선택한 열이 삭제되었다.

〈시작 예제〉 C:\Spreadsheet\Chapter03\S03-01-st.xls

Task2

'S03-01-st.xls' 파일에서 'Sheet1'의 이름을 '입고현황'으로 변경한 후 시트 복사를 하여 오른쪽에 배치하시오.

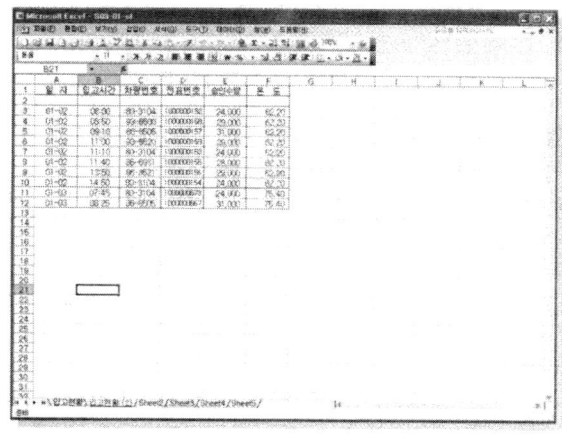

1. 시트 탭의 [Sheet1]의 시트 이름을 더블 클릭하여 '입고현황'을 입력한 후 〈Enter〉 키를 누른다.
2. 시트 탭의 [입고현황]의 시트 이름 위에서 마우스 오른쪽 단추를 클릭하여 [이동/복사]를 선택한다.
3. [이동/복사] 대화 상자에서 '다음 시트의 앞에' 항목을 선택한 후 'Sheet2'로 하고 [복사본 만들기] 옵션에 체크를 한다. [확인] 단추를 클릭한다.
4. 현재 시트 오른쪽에 복사본 시트인 '입고현황 (2)'가 만들어진다.

Chapter 04

수식 및 함수

Chapter 04 수식 및 함수

>>> 스프레드시트 응용 프로그램인 만큼 계산을 할 수 있는 기능이 다른 어떠한 프로그램보다 강력하다. 또한 계산을 하기 위해 엑셀 프로그램 내에 내장되어 있는 함수가 200여 개가 넘고, 그 이외에도 사용자가 직접 함수를 제작하여 활용할 수도 있다.

수식이란 상수나 셀의 입력 값인 연산 대상과 연산자간에 연산 관계를 만들고 그 결과를 셀에는 수식의 결과 값이 표시되며 수식은 수식 입력줄에 표시된다.

> **학습 목표**
> • 수식 적용을 위한 연산 기호와 수식 참조 방식을 알 수 있다.
> • 셀의 참조 방식인 상대 참조, 절대 참조와 혼합 참조의 차이점을 이해할 수 있다.

01 연산자 및 셀 참조

수식에 사용되는 연산자는 산술 연산자, 비교 연산자, 문자열 연산자, 참조 연산자의 종류가 있는데, 연산 순서 및 기능은 다음과 같다. 정해진 연산 순서를 변경하고자 할 경우는 괄호를 이용한다.

구분	연산자		연산순서	기능
참 조 연산자	범위 연산자	:		연속된 셀 범위를 참조한다. 예) (A1:B6)
	결합 연산자	,	1	연속되지 않는 셀 범위를 참조한다. 예) (A1,A6)
	교정 연산자	공백		참조 영역 중 교차 영역인 셀만 참조한다. 예) (A1:B5 B1:D2)
산 술 연산자	음수 연산자	–	2	음수
	백분율 연산자	%	3	백분율
	지수 연산자	^	4	지수
	곱셈, 나눗셈	*, /	5	곱셈, 나눗셈
	덧셈, 뺄셈	+, –	6	덧셈, 뺄셈
문자열 연산자	문자열 결합 연산자	&	7	두 문자를 연결한다. 예)="액셀" & "함수" 결과) 액셀함수
비 교 연산자	같다	=	8	두개의 숫자 값을 비교하여 참과 거짓의 값을 산출한다.
	작다	〈		
	작거나 같다	〈=		
	크다	〉		
	크거나 같다	〉=		
	같지 않다	〈〉		

모든 수식은 등호(=)로 시작된다. '=' 로 시작되는 데이터는 '=' 뒤에 어떤 데이터가 사용되든 수식으로 인식하기 때문에 규칙에 맞게 사용해야 한다. 등호와 함께 수식만 입력해 주면 자동으로 계산해준다.

셀에 입력되어 있는 데이터를 계산하고자 할 경우는 셀 주소 참조를 이용한다. 셀 참조는 하나하나의 셀 위치를 나타내는 것으로 모든 셀에는 셀 위치 즉 주소가 있다. A1, A2, B3, B4… 등을 셀 참조 또는 셀 주소라고 하며 계산을 할 때 상수 값을 이용하지 않고 이러한 셀 주소를 대입하여 계산한다.

 직접 데이터를 입력해서 계산

수식은 워크시트에서 값을 계산하는 식이다. 수식은 등호(=)로 시작한다.
수식에 직접 데이터를 입력하는 방법은 비어있는 임의의 셀을 선택한 후 연산자와 상수가 포함된 '=128+35' 을 입력하면 된다.
직접 데이터를 입력하여 계산을 했을 경우에는 데이터 값을 변경해야 할때 수식을 전체적으로 수정해야 하는 번거로움이 있다.

 데이터가 입력된 셀의 주소를 이용해서 계산

셀에 데이터가 입력되어 있을 때에는 참조하고자 하는 값을 셀 주소값을 이용하여 수식에 반영하는 방법이다.
예를 들어, 'B2' 셀에 '30' 이라는 값이 입력되어 있고 'B3' 셀에 '50' 이라는 값이 입력되어 있다면 결과 값이 나와야 하는 임의의 셀을 선택한 후 수식으로 '=B2+B3' 을 입력하면 '=30+50' 을 수행한 결과 값이 나타난다.
셀의 주소를 이용하여 계산했을 때는 셀의 데이터 값이 변하더라도 수식을 변경해야 하는 번거로움은 피할 수 있다.

02 수식 오류 구별

수식을 입력하여 활용하다 보면 여러 가지 오류를 만나게 된다. 다음은 엑셀에서 나타나는 오류 메시지와 그 종류이다.

- #DIV/0!   : 0으로 나누는 오류
- #N/A   : 사용할 수 없는 참조 값 사용 오류
- #NAME?   : 잘못된 이름을 사용한 오류
- #NULL!   : 교차하지 않는 두 영역을 교차하는 것으로 지정 할 때의 오류
- #NUM!   : 숫자를 잘못 사용할 때의 오류
- #REF!   : 원본이 이동 된 셀을 참조한 오류
- #VALUE!   : 인수, 연산을 잘못 사용한 오류
- ######   : 계산 결과 값이 셀 크기보다 길이가 클 때의 오류

03 상대 참조와 절대 참조

셀 주소 참조 방식으로 수식이 입력된 셀을 다른 셀로 복사했을 경우 수식에서 참조한 셀 주소가 변경되는지에 따라 상대(주소)참조와 절대(주소)참조, 혼합(주소)참조로 나누어진다.

① 상대 주소 참조

수식의 피연산자로 상대 주소를 사용하는 것은 현재 자신이 위치한 셀을 기준으로 상대적으로 떨어진 위치를 참조하는 것이다. 상대 주소는 참조의 위치가 일정하게 변하는 수식에서 주로 사용한다. 즉, 수식이 입력된 셀을 복사하면 수식의 계산에 참여하는 셀 주소는 상대적으로 변하게 된다.

② 절대 주소 참조

열 주소와 행 주소 앞에 각각 $ 표시를 붙여 셀 주소를 지정하는 것을 절대 주소라고 한다. 이렇게 지정된 주소의 위치는 항상 'A1' 셀을 기준으로 하고 있으므로 수식을 복사하여도 셀 주소는 변함이 없다. 셀 주소를 절대 참조는 〈F4〉 키를 이용하여 쉽게 변경할 수 있다.

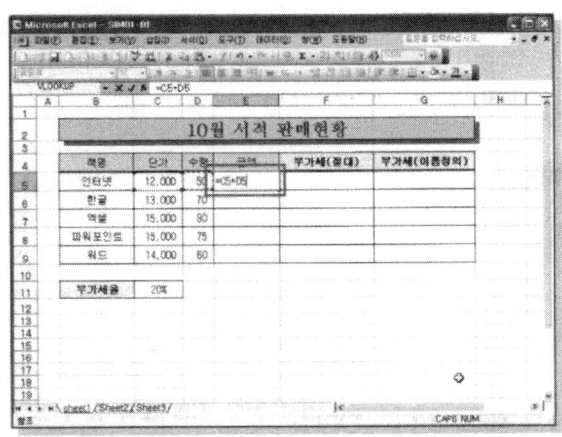

01 금액은 '=단가 * 수량' 으로 계산한다. 'E5' 셀을 클릭한 후 '=C5 * D5'를 입력하고 〈Enter〉 키를 누른다.

〈시작 예제〉 C:\Spreadsheet\Chapter04\SO401-01.xls

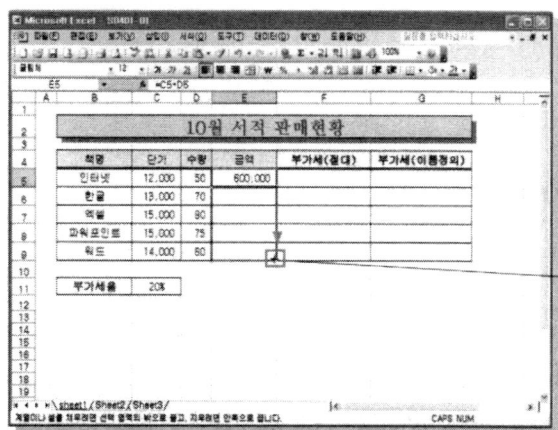
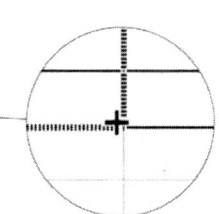

02 'E5' 셀의 수식을 다른 셀로 복사하기 위하여 마우스 포인터를 채우기 핸들로 가져가 **-╂-** 모양이 될 때 아래로 드래그한다.

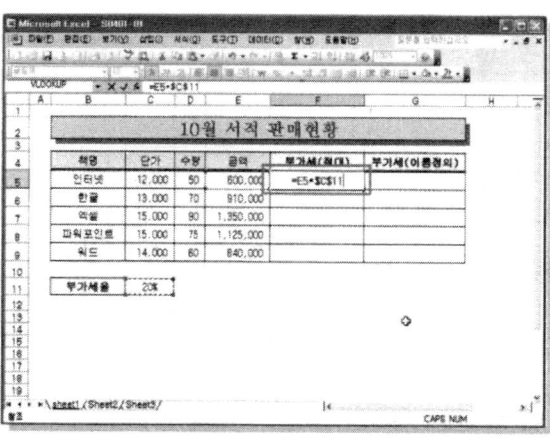

03 'E5' 셀의 수식이 행 단위로 복사되면서 수식의 행 주소가 상대적으로 변경되어 복사된다.

04 금액에 대한 부가세를 작성하되 절대 참조를 이용하여 구해보도록 하자. 절대 주소 참조로 지정하기 위해서는 주소 앞에 $ 기호를 붙여 주어야 하므로 〈F4〉 키를 이용한다.
'F5' 셀에 '=E5 * C11'을 입력한 후 'C11'에서 〈F4〉 키를 눌러 절대 참조 '=E5 * C11'로 변경하고 〈Enter〉 키를 누른다.

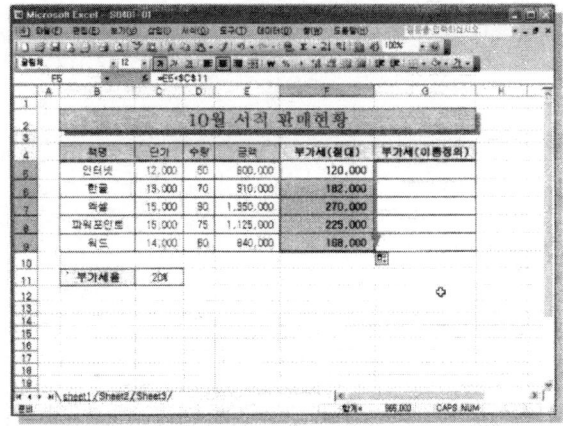

05 계속해서 채우기 핸들을 'F9' 셀까지 드래그하면 나머지 셀에도 동일한 수식이 적용되어 결과 값이 채워진다.

 부가세 수식

부가 세율은 'C11' 셀의 값을 참조하여 '=금액 * 부가세율'로 산출한다. 그런데 식을 '=E5 * C11'로 입력한 후 수식을 복사하면 상대 주소로 두 번째 행의 식은 '=E6 * C12', 세 번째 행의 식은 '=E7 * C13',… 으로 설정되어 수식 오류가 발생된다. 부가세에서 금액 부분은 채우기 핸들로 수식을 복사했을 경우 변경되어야 하는 상대 주소가 되지만, 부가세율 부분은 참조 위치가 변하지 않아야 하는 절대 주소로 지정해야 한다.

 혼합 참조

절대 참조는 셀 주소의 모든 행과 열이 바뀌지 않는 것이지만, 행 주소나 열 주소만 고정되고 다른 주소는 바뀌어야 할 경우도 있을 것이다. 이렇게 셀 주소의 일부분은 절대 참조로, 다른 부분은 상대 참조로 설정하는 것을 혼합 참조라고 한다.

혼합 주소는 상대 주소와 절대 주소가 혼합된 주소로 열이나 행 중에 하나만 절대 주소로 사용하는 것을 의미하는 것으로, 예를 들어 열만 절대 주소인 경우 '$A2', 행만 절대 주소인 경우 'A$2'로 표현 할 수 있다.

또한 계산식에서 사용된 셀 주소 앞에 〈F4〉 키를 누를 때 마다 [절대 주소]→[행 혼합 주소]→[열 혼합 주소]→[상대 주소] 순으로 변경된다.

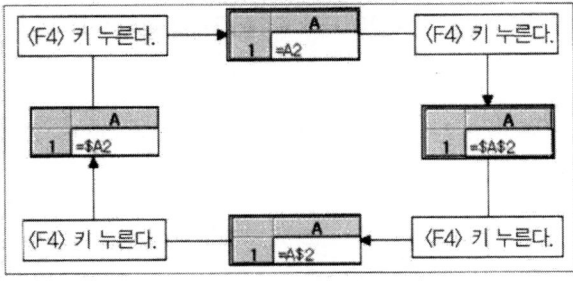

함수를 사용하는 가장 큰 이유 중의 하나가 바로 시간 절약 때문이다. 함수를 이용하면 복잡한 수식도 간단하고 빠르게 처리할 수 있다. 함수란 자주 사용하는 계산식을 간단한 클릭만으로 사용할 수 있게 미리 프로그래밍해 놓은 수식이다.

학습 목표

- 함수의 구조를 이해할 수 있다.
- SUM, AVERAGE 함수를 사용할 수 있다.
- MAX, MIN 함수를 사용할 수 있다.
- COUNT, COUNTA 함수를 사용할 수 있다.
- ROUND 함수를 사용할 수 있다.
- IF 함수를 사용할 수 있다.
- 논리 함수를 이용할 수 있다.

01 함수의 구조

합계를 구할 셀 주소가 두 개 정도라면 셀 계산이 어렵지 않지만 많은 개수라면 일일이 셀 주소를 입력하는 것은 아주 힘든 일이 될 것이다. 하지만 함수를 이용하면 간단하게 계산할 수 있다. 함수는 특정한 값을 계산하기 위해 미리 정의해 둔 수식을 의미한다.

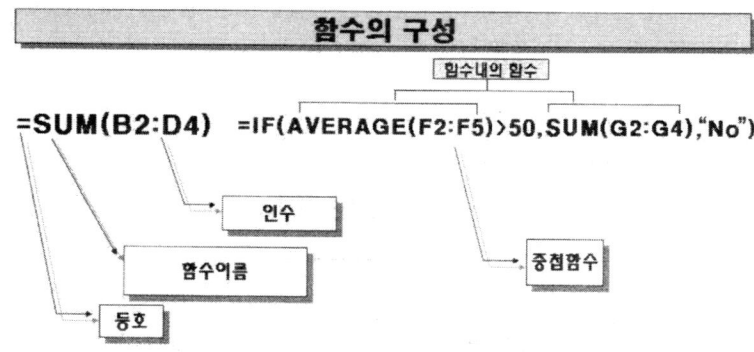

- **등호(=)** : 수식이나 함수의 시작을 의미한다.
- **함수 이름** : 어떤 함수를 사용할 것인지 지정하며 대소문자를 구분하지 않는다.
- **괄호( )** : 함수의 인수를 묶어주는 괄호로, 하나의 수식에 여러 개의 함수가 사용되면 함수의 개수만큼 나타난다.
- **인수(C4:E4)** : 함수에 사용되는 계산 대상으로 'C4' 셀에서 'E4' 셀까지의 값을 대입한다는 의미이다. 인수로는 문자, 문자열, 참이나 거짓과 같은 논리값, 배열, #N/A와 같은 오류값, 셀 참조가 있다.
- **콜론(:)** : 함수의 인수들을 구분한다.

02 합계(SUM), 평균(AVERAGE) 함수

가장 일반적으로 사용되는 기본 함수로 합계와 평균을 들 수 있다. 간단한 함수부터 복잡한 함수까지 함수 마법사를 이용하면 어떤 인수를 입력해야 할지 도움을 받을 수 있다. 제품별 사원들의 실적의 합계와 평균을 구해본다.

- SUM(Number1, Number2,..) : 인수의 합을 구한다.
- AVERAGE(Number1, Number2,..) : 인수의 평균값을 구한다.
  - Number1 : 계산할 숫자 데이터나 숫자 데이터가 입력되어 있는 셀 주소 등이 오며 최대 30개까지 지정할 수 있다.

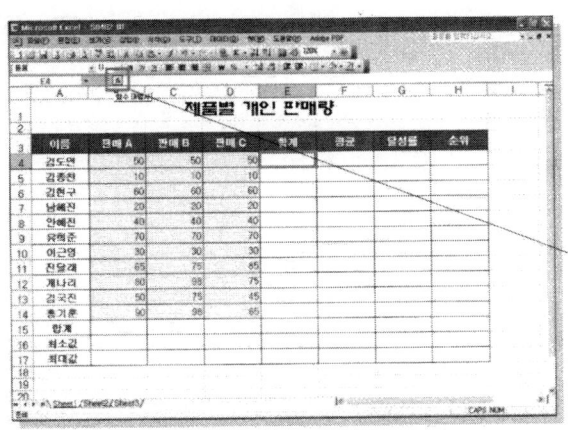

01 합을 구하기 위해서 결과를 구할 'E4' 셀을 선택한 후 함수 마법사 (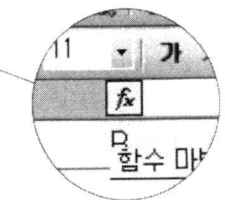)를 클릭한다.

〈시작 예제〉 C:\Spreadsheet\Chapter04\S0402-01.xls

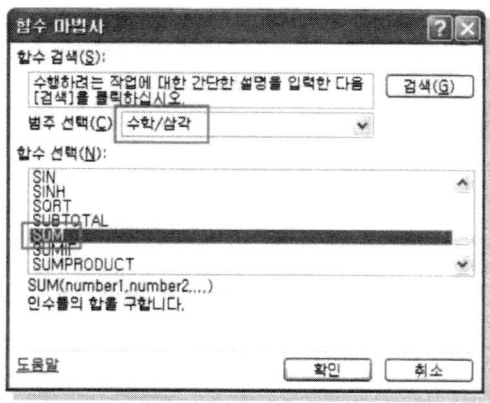

02 [함수 마법사] 대화 상자가 실행되면 범주 선택은 '수학/삼각', 함수 선택은 'SUM'을 선택한 후 [확인] 단추를 클릭한다.

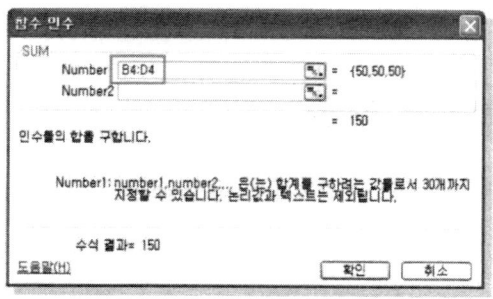

03 [함수 인수] 대화 상자에서 더하고자 하는 셀들의 범위를 지정한 후 [확인] 단추를 클릭한다.

04 'E4' 셀의 채우기 핸들을 'E14' 셀까지 드래그하여 수식을 복사한다.

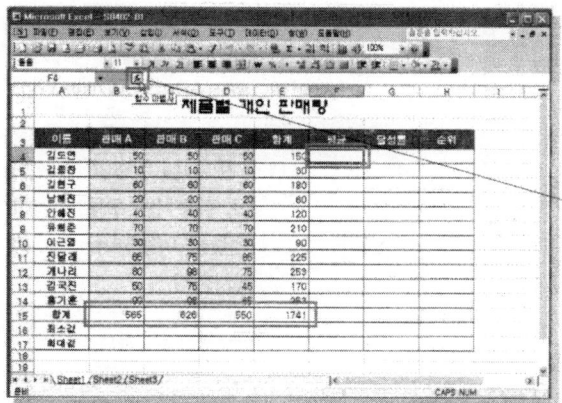

05 합을 구한 결과가 나타난다. 같은 방법으로 'B15:E15' 셀 범위의 합계도 구해 본다. 평균을 구하기 위해 'F4' 셀을 선택한 후 함수 마법사 (f_x)를 클릭한다.

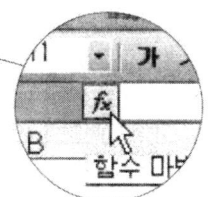

06 [함수 인수] 대화 상자가 나타나면 사용할 함수의 범주와 이름을 선택한다. 평균을 구하는 함수는 '통계' 범주의 'AVERAGE'를 선택한 후 [확인] 단추를 클릭한다.

07 AVERAGE 함수의 대화 상자에는 최대 30개까지의 인수 값을 설정할 수 있다.
[Number1]의 인수 란에 표시되는 현재 인접되어 있는 행 방향의 셀 주소를 올바르게 수정하기 위해 [Number1]의 셀 주소가 선택된 상태에서 평균을 구할 데이터 범위인 'B4:D4' 까지를 드래그한 후 [확인] 단추를 클릭한다.

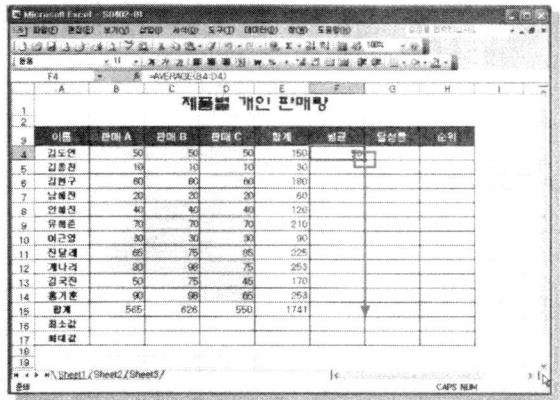

08 첫 번째 평균값이 나타난다. 함수 마법사 ( )를 활용하여 AVERAGE 함수로 삽입된 함수식은 '=AVERAGE (B4:D4)' 이다.

나머지의 평균 또한 셀 주소만 행 단위로 변경이 되고 함수식은 모두 동일하므로 채우기 핸들을 이용하여 'F15' 셀까지 수식을 복사한다.

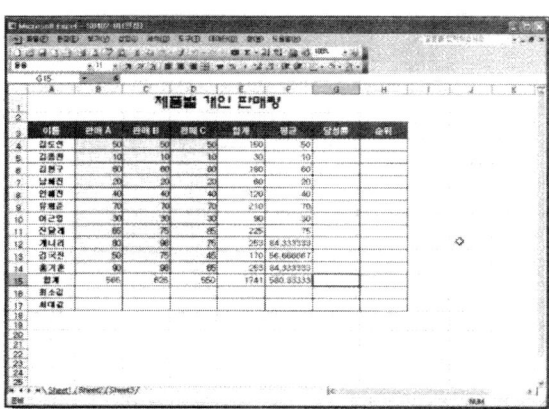

tip 자동 합계

합계 수식을 삽입할 셀을 선택 한 후 [자동 합계] 아이콘(Σ ▾)을 클릭한다. 엑셀이 선택한 범위의 숫자 값의 수식을 구해주며, 수식을 적용하려면 〈Enter〉 키를 누른다. 범위를 선택하지 않고 [자동 합계] 아이콘(Σ ▾)을 클릭하면 셀 주변에 있는 셀의 상황에 따라 엑셀이 자동적으로 판단하여 범위를 설정한다.

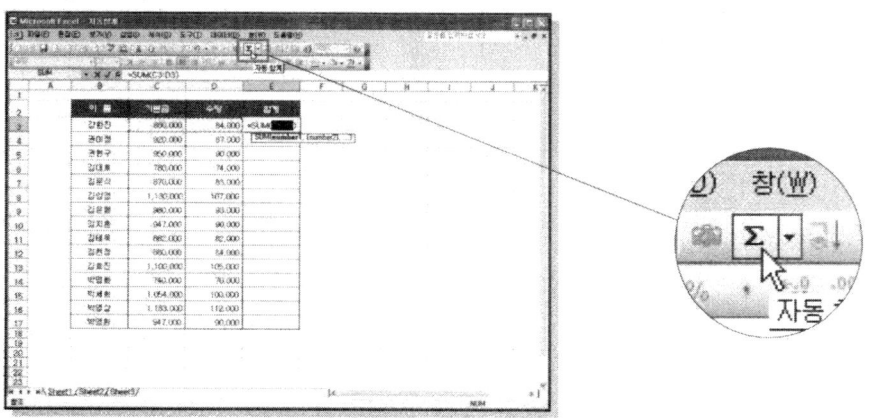

03 최대값(MAX), 최소값(MIN) 함수

최대값을 구할 수 있는 함수는 MAX 함수이며, 최소값을 구할 수 있는 함수는 MIN 함수이다.
판매제품별로 합계, 평균의 전체 값 중 각각의 최대값과 최소값을 구해본다.

> • MAX(Number1, Number2,…) : 참조한 숫자들 중에서 최대값을 구합니다.
> • MIN(Number1, Number2,…) : 참조한 숫자들 중에서 최소값을 구합니다.
> – Number1, Number2,… : 최대값을 구할 숫자이다. 1개부터 30개까지 사용할 수 있다.

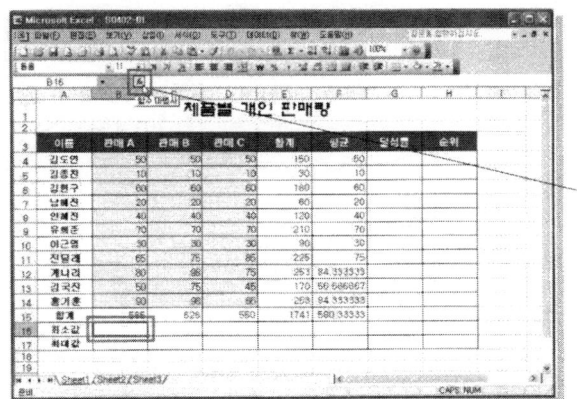

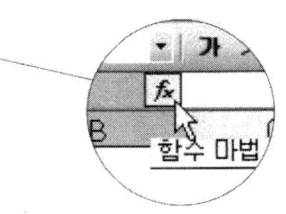

01 판매A의 최소값을 구하기 위해 'B16' 셀을 선택한 후 함수 마법사 (fx)를 클릭한다.

02 [함수 마법사] 대화 상자에서 '통계' 범주의 'MIN' 함수를 선택하고 [확인] 단추를 클릭한다.

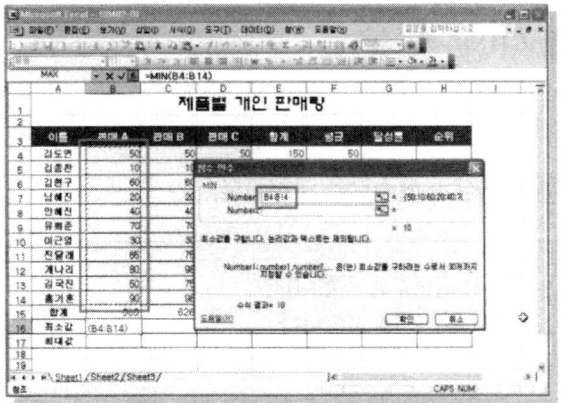

03 최소값을 구하는 MIN 함수 또한
AVERAGE 함수와 동일한 형태의 인
수를 가지고 있다. [Number1] 인수 값
에 '판매A' 데이터인 'B4:B14' 범위를
드래그하여 입력하고 [확인] 단추를 클
릭한다.

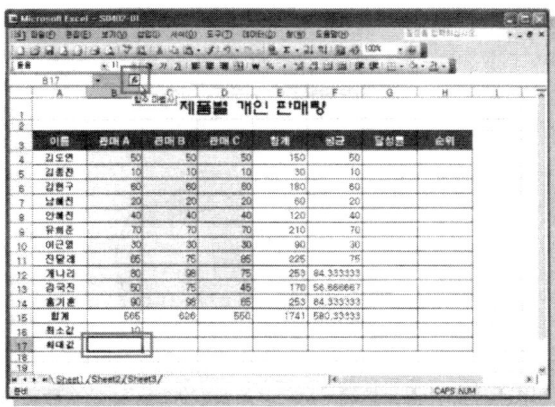

04 최소값을 구하는 수식 '=MIN(B4:B
14)'이 완성된다. 판매A의 최대값을
구하기 위하여 'B17' 셀을 클릭한 후
함수 마법사 (fx)를 클릭한다.

05 함수 인수 대화상자에서 '통계' 범주의
'MAX' 함수를 선택하고 [확인] 단추를
클릭한다.

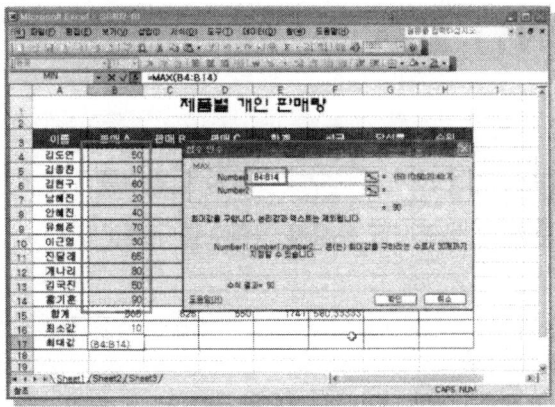

06 최대값을 구하는 MAX 함수 인수 설정 대화 상자에서 [Number1] 인수 값에 판매A 데이터인 'B4:B14' 범위를 드래그하여 입력한 후 [확인] 단추를 클릭한다.

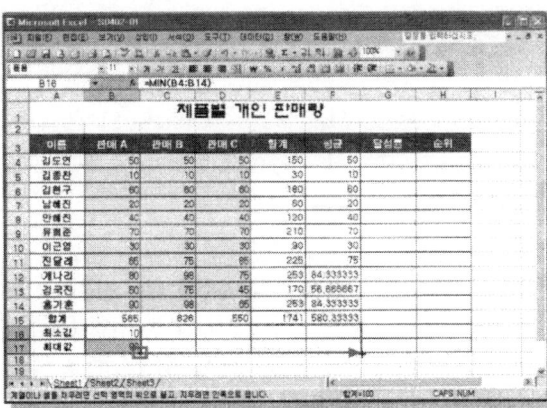

07 최대값을 구하는 수식 '=MAX (B4:B14)'이 완성된다. 'B16:B17'을 드래그하여 선택한 후 평균 열 'B16:B17'까지 채우기 핸들을 드래그하여 수식을 복사한다.

08 수식 복사가 완료되어 각 항목의 최대값과 최소값이 나타난다.

04 개수(COUNTA, COUNT) 함수

일정한 범위내의 데이터에서 원하는 형태의 데이터 개수를 구하는 함수들이다. 그 중에서 숫자와 문자 데이터의 수를 세는 COUNTA 함수를 이용하여 진급시험 대상자 인원수를 구하고, 숫자 데이터의 수만 세는 COUNT 함수를 이용하여 능력시험 응시자 인원수를 구해본다.

> • COUNT(Value1, Value2,...) : 지정한 범위 중 수치로 간주할 수 있는 데이터(결과가 수치로 되는 식도 포함)의 개수를 구한다.
> • COUNTA(Value1, Value2,....) : 지정한 범위 중 공백이 아닌 데이터의 개수를 구한다.
> • COUNTBLANK(Range) : 지정한 범위 중 공백 셀의 개수를 구한다.
>   - Value1, Value2,... : 데이터 값이나 참조하는 인수로서, 30개까지 사용할 수 있으나 개수 계산에는 숫자만 포함된다.
> • COUNTIF (Range, Criteria) : 지정한 범위 중 조건식을 만족시키는 셀의 개수를 구한다.
>   - Range : 조건을 검사할 셀 범위이다.
>   - Criteria : 숫자, 수식, 텍스트 형식으로 된 조건이다.

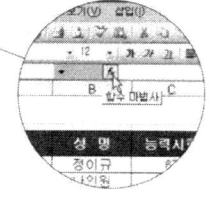

01 성명 열의 셀 개수를 세어 진급시험 대상자 인원수를 셀 것이다. 성명은 문자 데이터로 구성되어 있으므로 COUNTA 함수를 이용한다. 'I4' 셀을 선택하고 [함수 마법사] 아이콘 (f_x)을 클릭한다.

〈시작 예제〉 C:\Spreadsheet\Chapter04\S0402-02.xls

02 진급시험 대상자를 구하기 위하여 '통계' 함수 범주의 'COUNTA' 함수를 선택하고 [확인] 단추를 클릭한다.

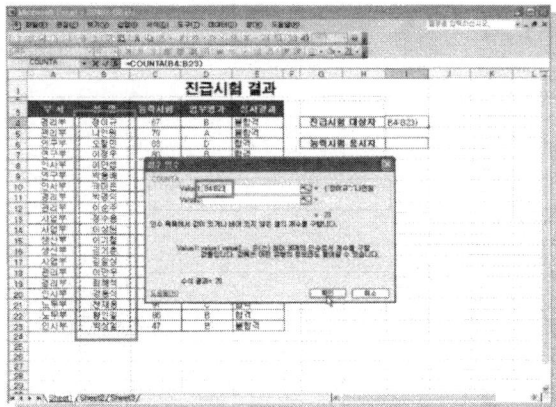

03 성명 셀 주소 'B4:B23'를 드래그하여 인원수를 구할 데이터 범위를 설정하고 [확인] 단추를 클릭한다.

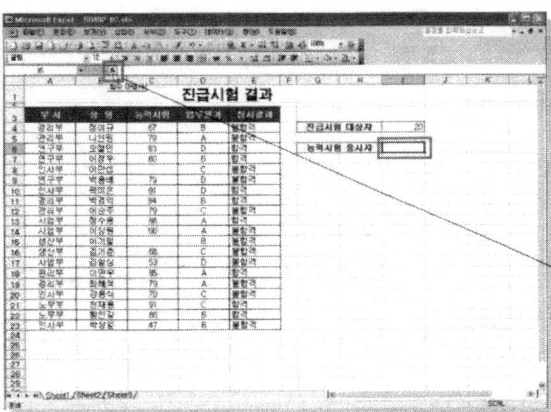

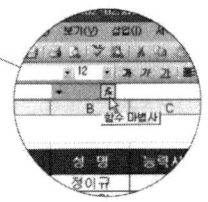

04 진급시험 대상자의 인원수가 구해진다. 능력시험 열은 숫자 데이터가 있으므로 COUNTA와 COUNT 모두 사용이 가능하나, 여기서는 COUNT 함수를 이용하여 능력시험 응시자 수를 구해본다. 'I6' 셀을 선택하고 [함수 마법사] 아이콘 (fx)을 클릭한다.

05 '통계' 함수 범주의 'COUNT' 함수를 선택하고 [확인] 단추를 클릭한다.

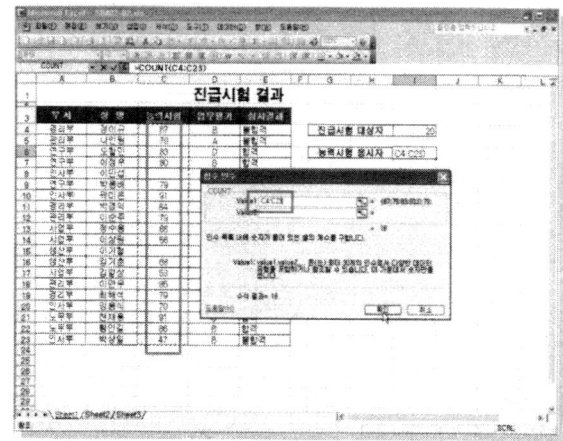

06 능력시험 셀 'C4:C23'를 드래그하여 인원수를 구할 데이터 범위를 설정하고 [확인] 단추를 클릭한다.

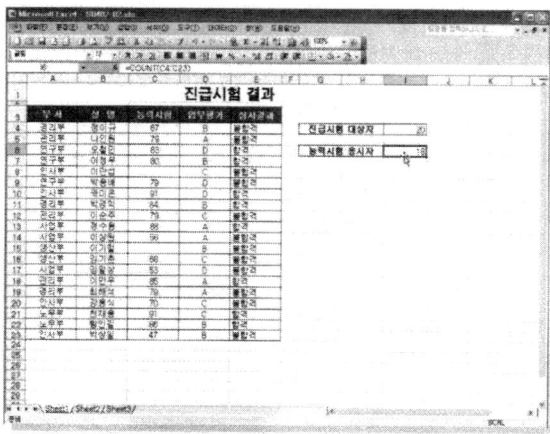

07 능력시험 대상자의 인원수가 구해진다.

05 반올림(ROUND) 함수

수식 또는 함수를 통하여 구해진 결과값을 반올림(ROUND), 올림(ROUNDUP), 내림 (ROUNDDOWN)을 하기 위한 ROUND 계열의 함수의 사용법을 살펴본다.

- ROUND (Number, Num_digits) : 숫자를 지정한 자릿수로 반올림한다.
- ROUNDUP (Number, Num_digits) : 숫자를 지정한 자릿수로 올림한다.
- ROUNDDOWN (Number, Num_digits) : 숫자를 지정한 자릿수로 내림한다.
  - Number : 반올림할 수이다.
  - Num_digits : 반올림할 Number의 자릿수이다. 일의 자리까지 표시하려면 '0' 이 되고 실수쪽은 1씩 증가, 정수쪽은 1씩 감소한다.

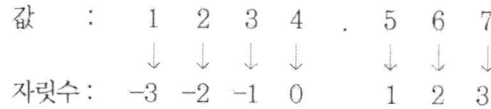

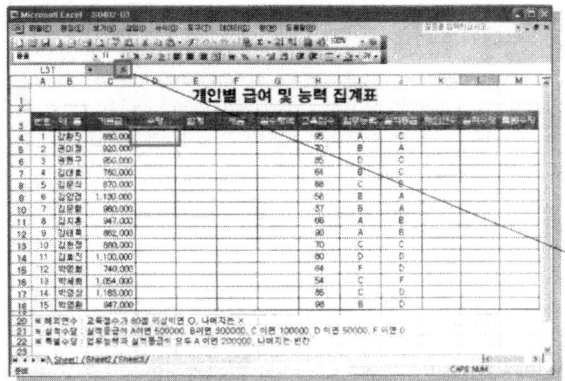

〈시작 예제〉 C:\Spreadsheet\Chapter04\S0402-03.xls

01 다음과 같은 데이터에서 수당을 구하
고자 한다. 수당을 산출하는 방법은 기
본급의 '9.5%'에 해당하는 금액을 산
출하여 백 단위에서 반올림하여 구한
다. 첫 번째 데이터의 수당을 구하기
위해 'D4'셀을 선택한 후 함수 마법사
( ) 를 클릭한다.

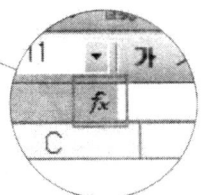

02 [함수 마법사] 대화 상자에서 '수학/삼
각' 범주의 'ROUND' 함수를 선택하
고 [확인] 단추를 클릭한다.

03 ROUND 함수에서 입력해야 할 인수
값은 총 2개로 반올림하고자 하는 값
과 반올림 할 자리수이다.
[Number] 인수에는 'C4 * 9.5%'를,
[Num_digits]에는 '-3'을 입력하고
[확인] 단추를 클릭한다.

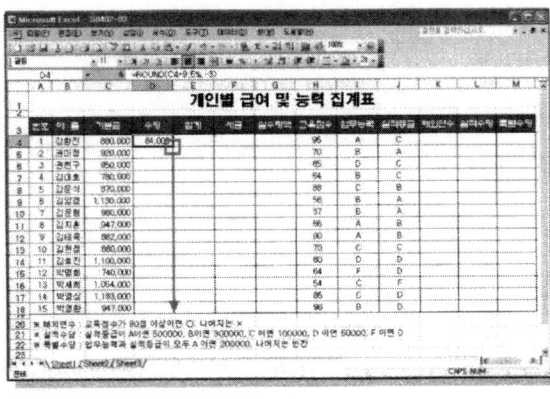

04 ROUND 함수를 이용하여 첫 번째 데
이터의 수당이 산출되었다. 수당의 수
식은 '=ROUND(C4 * 9.5%, -3)'이다.
'D4'셀의 채우기 핸들을 'D15'셀 까지
드래그한다.

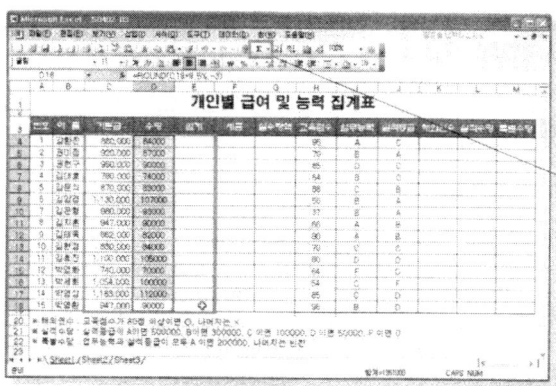

05 모든 수당이 구해진다. 기본급과 수당을 더하여 각 데이터의 합계를 산출한다. 'C4:E15' 셀 범위를 드래그하고 [자동 합계] 아이콘(Σ ·)을 클릭한다.

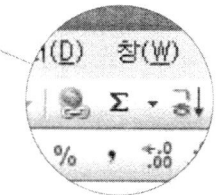

06 'F4' 셀을 선택하고 [함수 마법사] 아이콘 (fx)을 클릭한다.

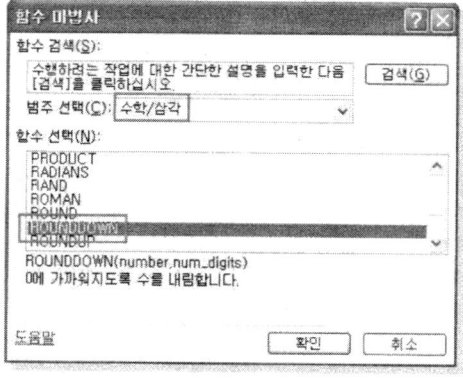

07 세금은 합계를 기준으로 '5.5%'에 해당하는 금액을 산출하되 일의 자리에서 내림하여 구하도록 한다. 내림을 하는 'ROUNDDOWN' 함수를 선택한 후 [확인] 단추를 클릭한다.

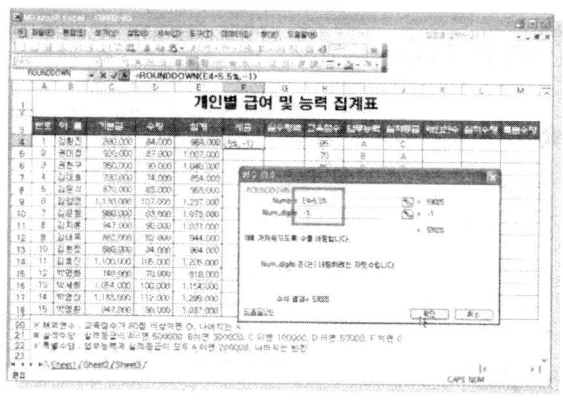

08 [함수 인수] 대화 상자의 [Number]는 'E4 * 5.5%', [Num_digits]는 '-1'을 입력한 후 [확인] 단추를 누른다.

09 입력된 세금 수식을 채우기 핸들을 이용하여 마지막 'F18' 셀까지 드래그한다.

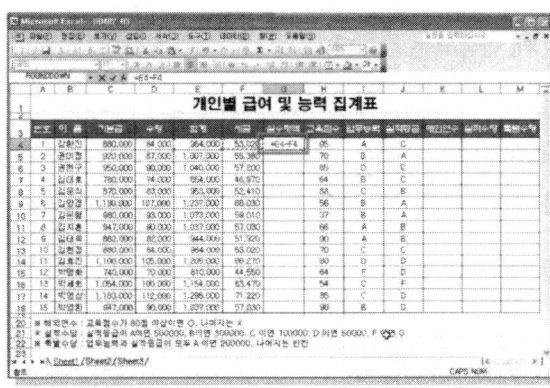

10 실수령액은 합계에서 세금을 공제한 후 산출한다. 'G4' 셀에 '=E4-F4' 수식을 입력하고 〈Enter〉 키를 누른다.

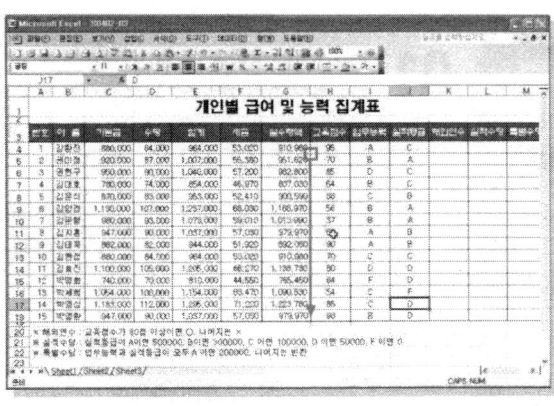

11 자동 채우기를 이용하여 수식을 복사하여 완성한다.

06 비교 연산자를 이용한 논리 함수

대표적인 논리 함수는 IF 함수이며, 조건을 설정한 후 조건을 만족하는 경우와 만족하지 않는 경우로 나누어 결과를 다르게 표시할 수 있는 기능을 가지고 있다. 다른 논리 함수로는 IF 함수 사용 시 조건을 설정할 때 보조적인 역할을 하는 AND, OR, NOT 논리 함수가 있다.

- IF(Logical_test, Value_if_true, Value_if_false) : 조건을 평가하여 그 값이 TRUE면 값을 나타내고 FALSE면 다른 값을 나타낸다.
  - Logical_test : TRUE나 FALSE가 될 수 있는 임의의 값 또는 식이다.
  - Value_if_true : Logical_test가 TRUE일 때 반환되는 값이다.
  - Value_if_false : Logical_test가 FALSE일 때 반환되는 값이다.
- AND(Logical1, Logical2, ...) : 인수가 모두 TRUE이면 TRUE를 표시하고, 하나 또는 그 이상의 인수가 FALSE 이면 FALSE를 나타낸다.
  - Logical1, Logical2, ... : TRUE 또는 FALSE로 계산될 수 있는 조건이다. 1개부터 30개까지 사용할 수 있다.
- OR(Logical1, Logical2, ...) : TRUE인 인수가 있으면 TRUE를, 모든 인수가 FALSE이면 FALSE를 돌려준다.
  - Logical1, Logical2, ... : TRUE 또는 FALSE로 계산될 수 있는 조건이다. 1부터 30개까지 사용할 수 있다.

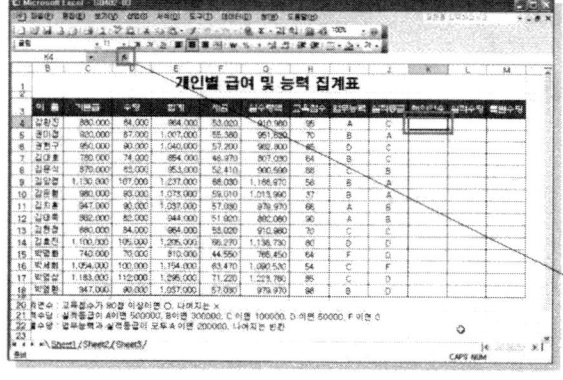

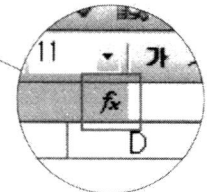

01 해외연수 항목의 값을 산출하도록 한다. 해외연수 항목은 교육점수가 80점 이상이면 'O', 80점 미만이면 'X'로 표기되도록 IF 함수를 입력한다.
첫 번째 해외연수 항목인 'F4' 셀에 마우스를 클릭 한 후 함수 마법사 (fx) 아이콘을 클릭한다.

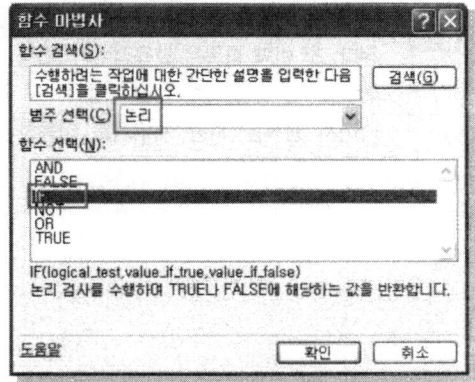

02 [함수 마법사] 대화 상자에서 '논리' 함수 범주의 'IF' 함수를 선택하고 [확인] 단추를 클릭한다.

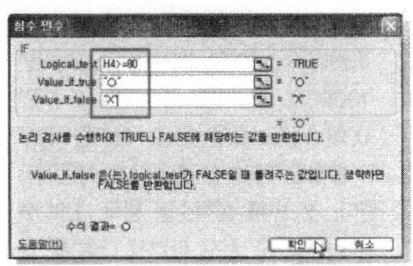

03 IF 함수의 인수 값은 총 3개의 인수로 조건, (H4>=80) TRUE 일 때 입력될 값("O"), FALSE 일 때 입력될 값("X") 을 각각 입력하고 [확인] 단추를 클릭 한다.

 특수 기호 입력하기

인수 창에 특수 기호를 입력할 경우에는 한글 자음을 입력한 후 키보드의 〈한자〉 키를 누르면 특수 문자가 나열 된다.

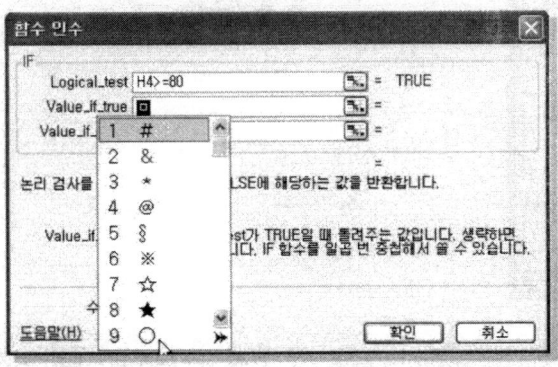

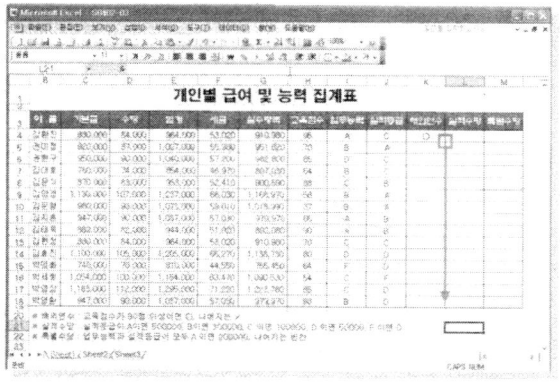

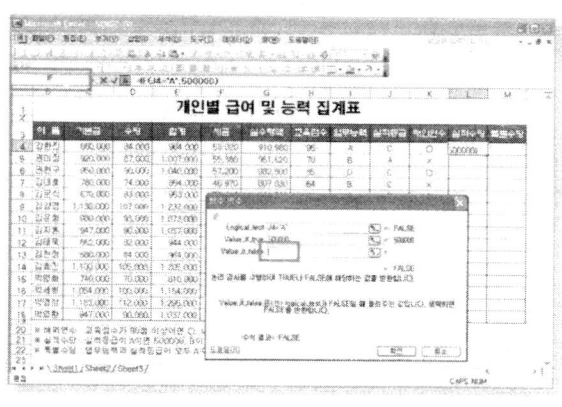

04 첫 번째 항목의 해외연수 결과가 구해진다. 첫 번째 항목은 교육점수가 95점이므로 'O'가 입력되었다.
나머지 항목은 자동 채우기를 이용하여 수식을 복사한다.

05 실적수당은 실적등급이 A이면 '500000', B이면 '300000', C 이면 '100000', D 이면 '50000', F 이면 'O'이 나타나도록 한다. 이러한 경우 IF 함수를 여러 번 중첩하여 사용해야 한다. 첫 번째 실적수당 항목 'L14'셀을 선택한 후 함수 마법사 (*fx*)를 클릭한다.

06 [함수 마법사] 대화 상자에서 '논리' 범주의 'IF' 함수를 선택하고 [확인] 단추를 클릭한다.

07 첫 번째 IF 함수의 대화 상자에서 [Logical_test]에 'J4="A"', [Value_if_true]에 '500000'을 입력한다. [Value_if_false] 인수에는 첫 번째 조건에 만족하지 않을 때 다시 IF함수를 호출해야 하므로 커서를 이동한 후 이름 상자의 [IF]를 클릭한다.

A에 겹따옴표(" ")는 왜 묶나요?

인수 중 일부 데이터는 겹 따옴표를 묶어야 한다. 그 중에서 A와 같은 문자 데이터 반드시 겹따옴표("")를 입력한다.

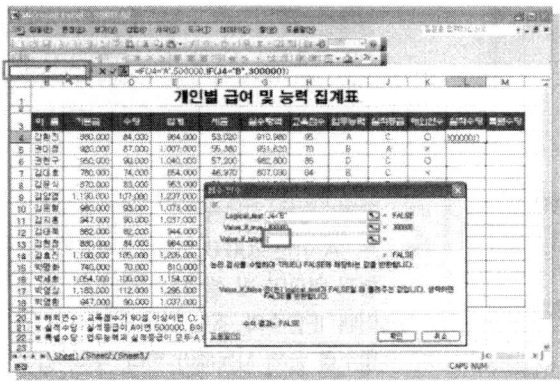

08 IF 함수에서 또 다시 IF 함수를 추가하면 새로운 IF 함수의 대화 상자가 나타난다. 'J4="B"', [Value_if_true]에 '300000'을 입력하고 'Value_if_false' 인수에 커서를 이동한 후 이름 상자의 [IF]를 클릭한다.

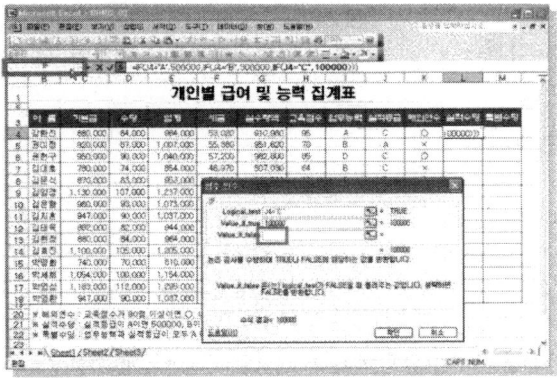

09 세 번째 조건의 IF 함수 대화 상자에 'J4=" C"', [Value_if_true]에 '100000'을 입력하고 [Value_if_false] 인수에 커서를 이동한 후 이름 상자의 [IF]를 클릭한다.

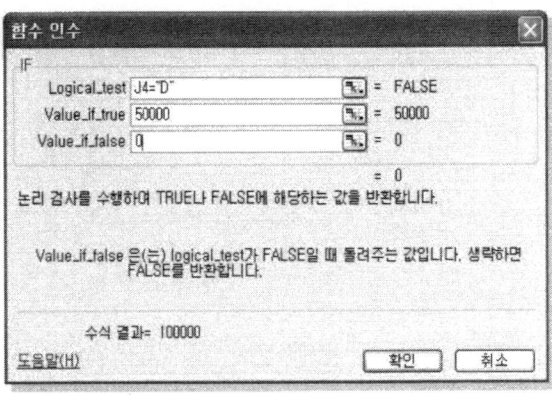

10 네 번째 조건의 IF 함수 대화 상자에에 'J4="D"', [Value_if_true]에 '50000'을 입력하고 [Value_if_false]에 '0'을 입력한 후 [확인] 단추를 클릭한다.

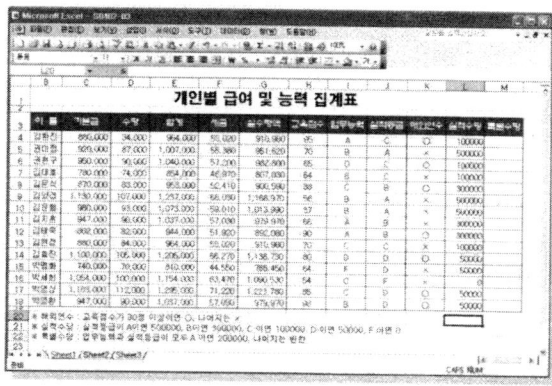

11 첫 번째 항목의 실적수당의 결과가 산출된다. IF함수를 4번 중첩하여 사용한 실적수당의 함수식은 '=IF(J4="A", 500000, IF(J4="B", 300000, IF(J4="C", 100000, IF(J4="D",50000,0))))' 이다.
실적수당의 결과가 나타난 첫 번째 항목을 자동 채우기로 수식을 복사하여 나머지 부분의 실적수당 모두 산출하도록 한다.

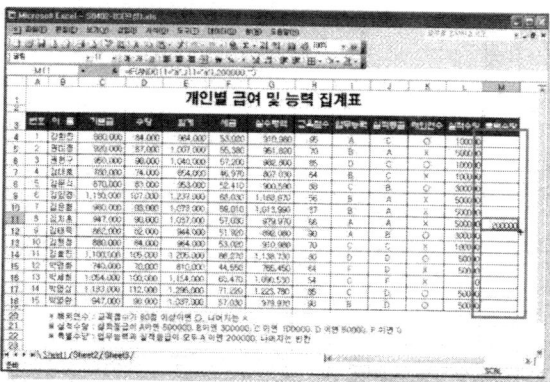

12 특별수당은 업무능력과 실적등급이 모두 'A'이면 200,000원을 지급하고 그렇지 않으면 빈 셀로 나타나도록 한다. 이때 IF함수와 조건을 나열하는 And 함수를 함께 사용해야 한다. 수식 입력줄에 '=IF(AND(I4="A", J4="A"), 200000, " ")'이라고 입력하고 나머지 항목은 자동채우기를 이용하여 복사한다.

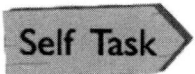

Task1

'SO4-01-st.xls'파일을 연 후 생산량, 변동비, 고정비의 합계를 구하시오.

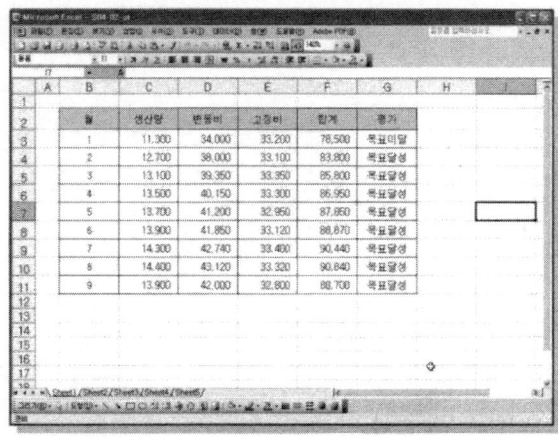

〈시작 예제〉 C:\Spreadsheet\Chapter04\S04-01-st.xls

1. [파일]-[열기]를 선택한다.
2. [열기] 대화 상자에서 'S04-01-st.xls'을 선택한 후 [열기] 단추를 클릭한다.
3. 'F3' 셀을 선택한 후 '=C3+D3+E3'의 수식을 입력하거나, [자동 합계] 아이콘(Σ·)을 클릭한다.
4. 'F3' 셀의 채우기 핸들을 드래그하여 자동 채우기 한다.

Task2

'SO4-02-st.xls'파일을 연 후 다음의 조건에 따라 구하시오.

조건 : 합계가 80,000 이상이면 목표달성, 80,000 미만이면 목표미달

1. [파일]-[열기]를 선택한다.
2. [열기] 대화 상자에서 'S043-02-st.xls'을 선택한 후 [열기] 단추를 클릭한다.
3. 'G3' 셀을 선택한 후 함수 마법사(fx)를 클릭하여 논리 범주의 'IF' 함수를 선택한다.
4. 함수 인수창인 'Logical Test'에는 'G3>=80000'을 입력하고 'value_if_true'에는 "목표달성", 'value_if_false'에는 "목표미달"을 입력한 후 [확인] 단추를 클릭한다.
5. 'G3' 셀을 선택한 후 채우기 핸들을 드래그하여 자동 채우기한다.

〈시작 예제〉 C:\Spreadsheet\Chapter04\S04-02-st.xls

Chapter 05

셀 서식

Chapter 05 셀 서식

>>> 셀에 입력한 데이터를 보기 좋게 표 목록으로 서식을 지정하는 것이 좋다. 스프레드시트에서 제공하는 셀 서식으로는 표시 형식, 글꼴 서식, 테두리 서식, 셀 음영 서식이 있다. 셀 서식은 [셀 서식] 대화 상자를 이용하거나 서식 도구 모음을 이용하면 빠르게 지정할 수 있다.

숫자 및 날짜 서식

숫자 데이터 앞에 ₩, $ 같은 통화 기호나 천단위 쉼표를 추가하여 읽기 쉽게 표시 형식을 변경할 수 있다. 이와 같은 형식은 통화 스타일이나 회계 스타일에서 선택할 수 있으며 통화 스타일은 소수 자릿수 및 음수에 대한 표시 형식을 별도로 지정할 수 있다.

학습 목표
- 숫자 데이터에 표시 형식을 적용할 수 있다.
- 날짜와 화폐 서식을 사용하여 다양한 형식의 날짜 데이터와 화폐 단위를 변경할 수 있다.
- 소수점 데이터를 백분율 형식으로 사용할 수 있다.

01 소수점과 천단위 구분기호 사용

숫자 서식은 서식 도구 모음이나 [셀 서식] 대화 상자의 [숫자], [통화] 또는 [회계] 범주를 이용한다.

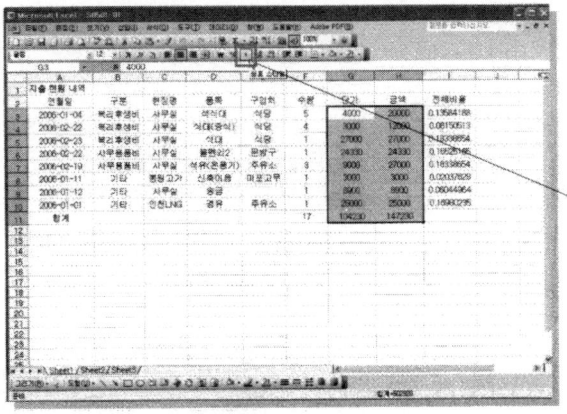

01 숫자 데이터에 쉼표 스타일을 적용해 보자. 'G3:H11' 까지 범위 설정 한 후 서식 도구 모음의 [쉼표 스타일] 아이콘( )을 클릭한다.

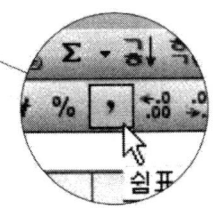

〈시작 예제〉 C:\Spreadsheet\Chapter05\S0501-01.xls

 tip 스프레드시트에 활용되는 기본 개체명

쉼표 스타일을 적용하면 숫자 데이터가 회계형으로 되어 맞춤 방식과 관련없이 항상 오른쪽으로 정렬되며 셀 오른쪽에 1칸의 여백이 존재한다.

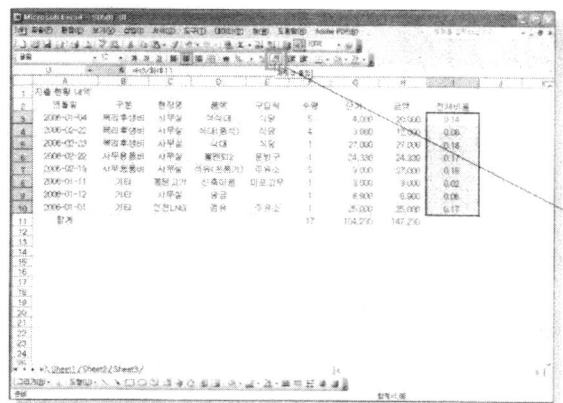

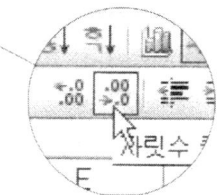

02 숫자에 소수점 아래의 자리수를 표현하기 위해서 'I3:I10' 까지 범위 설정한 후 서식 도구 모음 중 [자리수 늘임] 아이콘( ) 또는 [자리수 줄임] 아이콘( )을 이용하여 소수점 아래의 자리수를 두 자리로 결정한다.

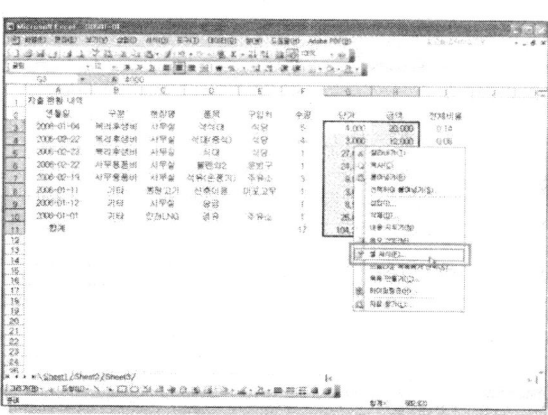

03 도구 모음에서 제공하는 표시 형식들은 자주 사용하는 기능을 아이콘으로 모아 놓은 것이다. 좀 더 다양한 형태의 표시 형식을 설정하고자 경우는 메뉴를 활용한다.
'G3:H11' 까지 범위 설정 한 후 마우스 오른쪽 단추를 클릭하여 [셀 서식] 메뉴를 선택한다.

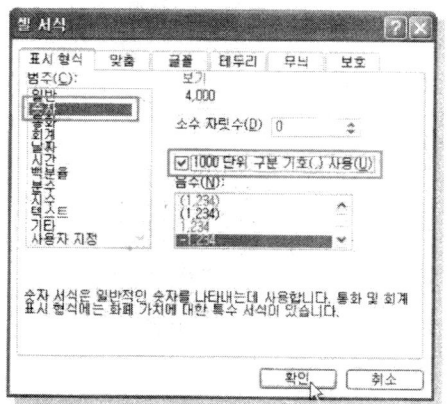

04 [표시 형식] 탭에서 '숫자' 범주를 선택한 후 [1000 단위 구분 기호(,) 사용]에 체크를 한 후 [확인] 단추를 클릭한다. 아무런 표시 형식이 적용되지 않은 데이터를 원할 경우는 [표시 형식]의 범주 중 '일반' 을 선택한다.

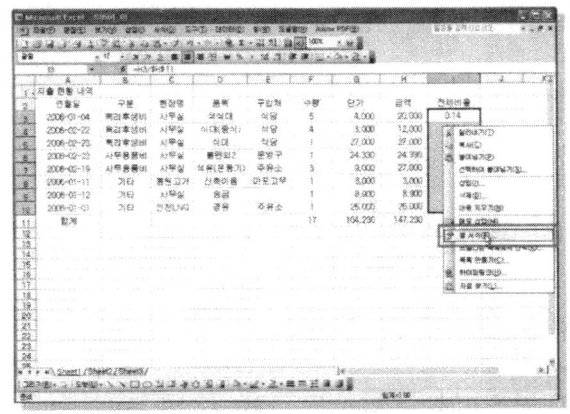

05 소수 자릿수를 두 자리로 맞추기 위해 'I3:I10'가 범위를 설정한 후 마우스 오른쪽 단추를 클릭하여 [셀 서식] 메뉴를 선택한다.

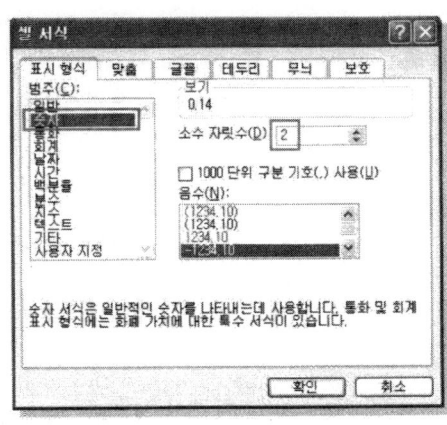

06 [표시 형식] 탭에서 '숫자' 범주를 선택하고 소수 자릿수를 '2'로 입력한 후 [확인] 단추를 클릭한다.

02 날짜, 화폐, 백분율 서식 사용

날짜 데이터는 년, 월, 일을 하이픈(-)이나 슬래시(/)로 구분하여 입력하고, 시간 데이터는 시, 분, 초를 콜론(:)으로 구분하여 입력한 다음에 표시 형식을 변경하여 원하는 날짜 및 시간 서식으로 꾸밀 수 있다. 백분율 스타일은 100을 곱하고 백분율 기호(%)를 추가해 준다. 그래서 '1'은 '100%'로 표시된다.

 화폐 서식

❶ 통화형
수치값에 화폐 단위 기호를 나열하여 금액을 표시하는 것으로 일반 통화 수치에 사용한다.
통화형에서 회계 서식을 사용하려면 소수점에 맞추어 열이 정렬된다.

❷ 회계형
회계 서식을 사용하면 통화 기호와 소수점에 맞추어 열이 정렬된다.

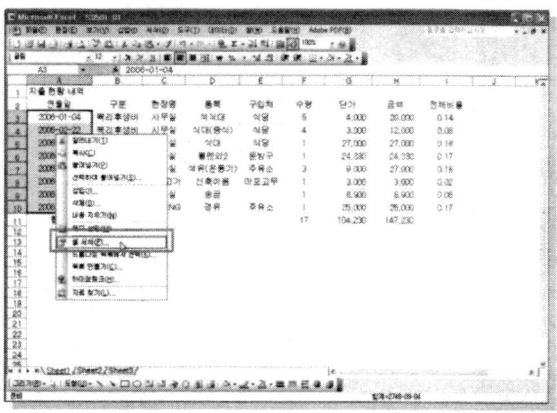

01 날짜 서식을 적용하기 위해 'A3:A10' 까지 범위 설정 한 후 마우스 오른쪽 단추를 클릭하여 [셀 서식]를 선택한다.

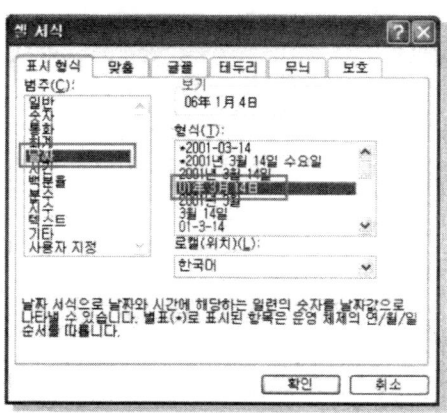

02 [셀 서식] 대화 상자의 '날짜' 범주를 선택한 후 날짜 형식들 중의 한자 형식 을 선택 한 후 [확인] 단추를 클릭한다.

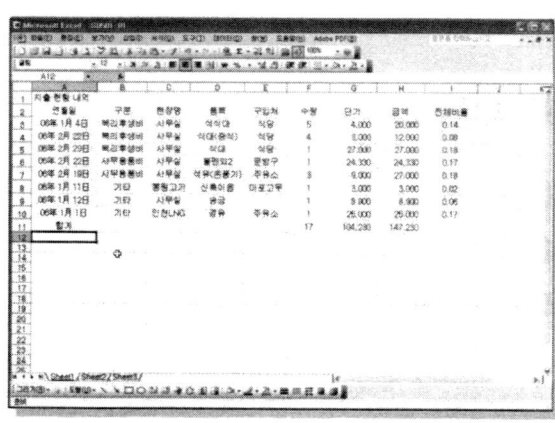

03 날짜의 형식이 한자 형식으로 변경 되었다.

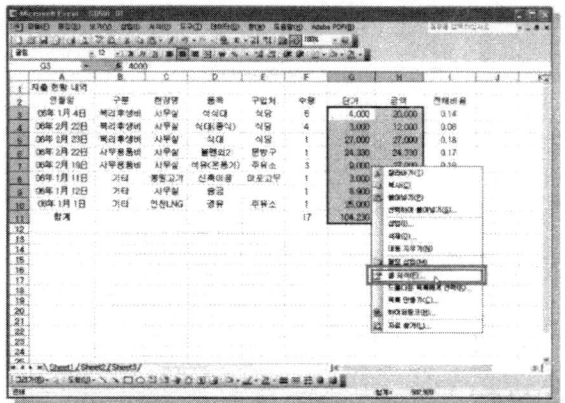

04 숫자 데이터에 화폐 서식을 사용하기 위해 'G3:H11' 까지 범위 지정한 후 마우스 오른쪽 단추를 클릭하여 [셀 서식]를 선택한다.

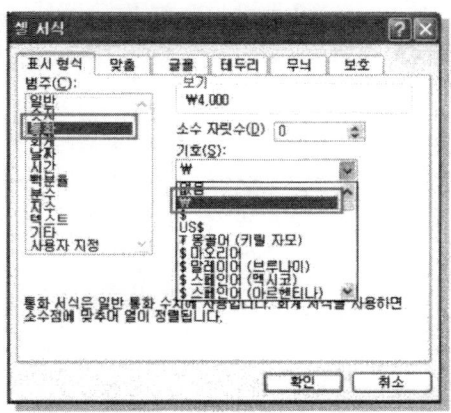

05 [셀 서식] 대화 상자의 '통화' 범주를 선택한 후 통화 기호 중 '₩' 기호를 선택한 후 [확인] 단추를 클릭한다.

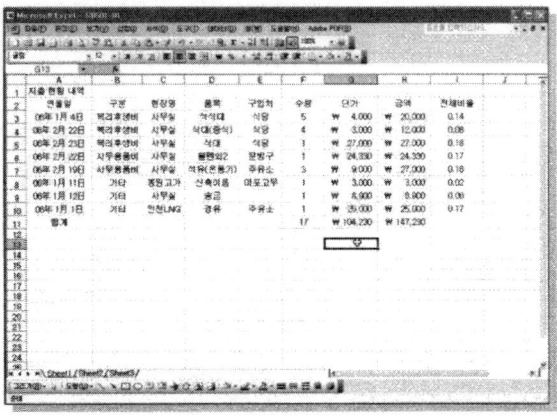

06 숫자에 통화 '₩' 기호가 삽입되었다.

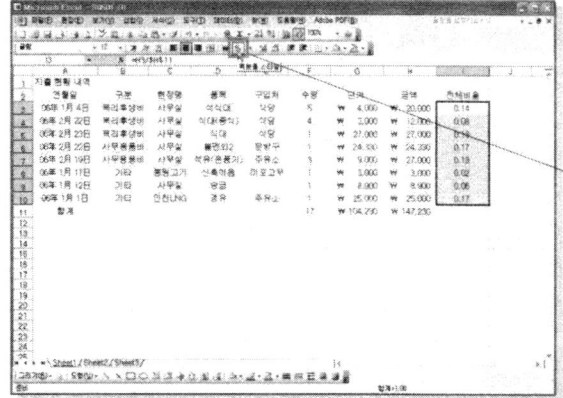

07 전체비율 데이터는 백분율 스타일을 적용하기 위하여 'I3:I10' 데이터를 범위 설정한 후 서식 도구 모음 중 [백분율 스타일] 아이콘(%)을 클릭한다.

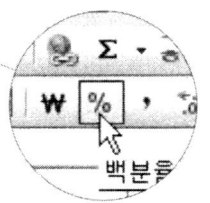

08 백분율 스타일이 적용되었다.

글꼴 서식

글자의 모양이나 크기 등을 필요에 따라 변경해야 한다. 엑셀의 기본 글꼴을 원하는 모양의
글꼴로 바꾸고 글꼴 색 등을 변경하는 방법을 알아 본다.

학습 목표
- 다양한 글꼴과 글꼴 크기 등의 서식을 적용할 수 있다.
- 글꼴의 색과 셀의 배경색 등을 적용하여 멋진 문서를 작성할 수 있다.
- 똑같은 서식을 적용하기 위한 서식 복사 기능을 사용할 수 있다.

01 글꼴 및 글꼴 크기 적용

글꼴을 변경하고자 하는 셀 범위를 설정한 후 서식 도구 모음이나 [셀 서식] 대화 상자의 [글꼴]
탭을 이용한다.

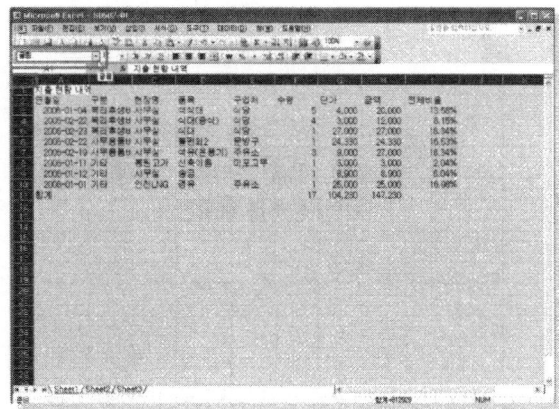

01 워크시트 전체의 글꼴 서식 변경을 위
해서는 [시트 전체 선택] 단추를 클릭
하여 범위를 설정한다. 서식 도구 모음
의 [글꼴]을 '굴림', [글꼴 크기]를 '12'
로 변경한다.

〈시작 예제〉 C:\Spreadsheet\Chapter05\S0502-01.xls

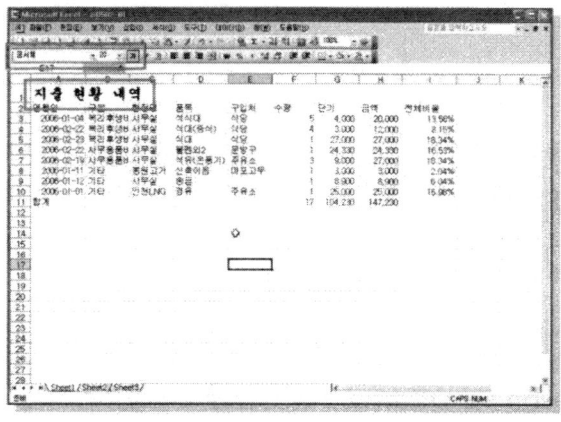

02 제목으로 입력된 'A1'셀의 '지출현황내역'을 선택하여 [글꼴]은 '궁서체', [글꼴 크기]는 '20', [굵게]를 설정한다.

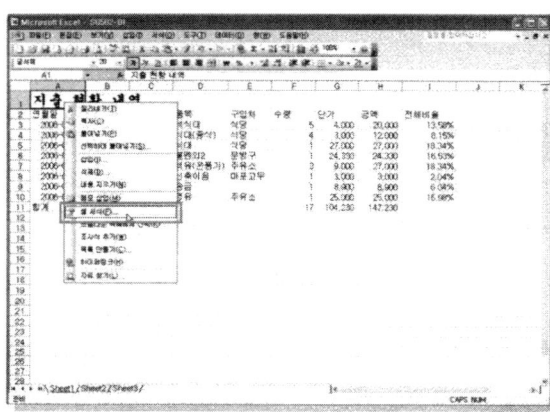

03 메뉴를 이용하여 글꼴을 변경하고자 할 경우 'A1'셀에서 마우스 오른쪽 단추를 클릭하여 [셀 서식]을 선택한다.

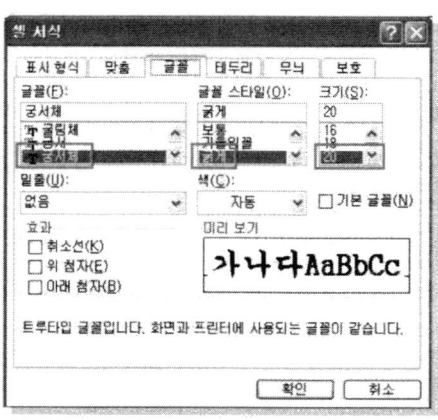

04 [셀 서식] 대화 상자의 [글꼴] 탭에서 글꼴, 글꼴 스타일, 크기를 변경하고 [확인] 단추를 클릭한다.

 기본 글꼴 변경

기본 글꼴 변경은 [도구]-[옵션] 메뉴의 [일반] 탭에서 변경할 수 있다.
[기본 글꼴] 클릭하면 엑셀에서 설정되어 있는 기본 글꼴로 각각의 항목이 변경된다.

02 글꼴 색, 셀 배경색 적용

글꼴과 글자 크기등으로 문서를 강조해도 셀 안에 색상이 흰색이라면 너무 밋밋하고 지루할
것이다. 셀 안에 마음에 드는 색상을 넣어서 문서에 다양함을 적용해 보자.

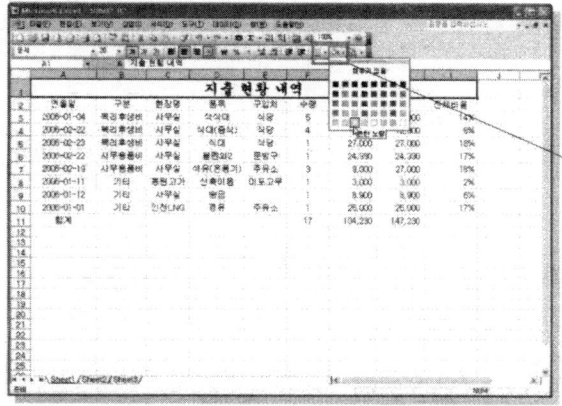

〈시작 예제〉 C:\Spreadsheet\Chapter03\SO3-01-st.xls

01 무늬를 적용하고자 하는 'A1' 셀을 선택, 한 후 서식 도구 모음의 [채우기 색] 아이콘( )의 화살표를 클릭하여 색상을 선택한다.

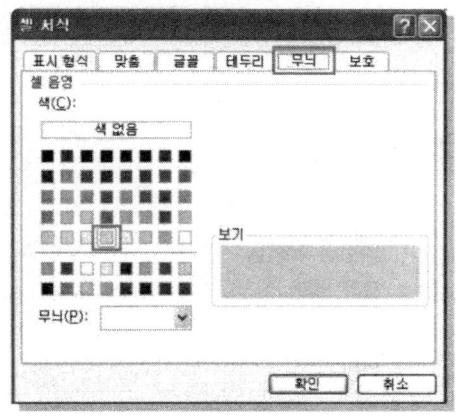

02 또는 [서식]-[셀]을 클릭하여 [셀 서식] 대화 상자의 [무늬] 탭에서도 셀 무늬를 설정할 수 있다.

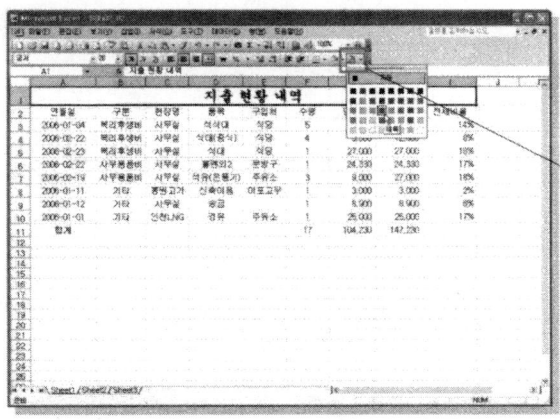

03 글자의 색을 변경하기 위하여 'A1' 셀이 선택된 상태에서 [글꼴 색] 아이콘( )의 화살표를 클릭하여 색상을 선택한다.

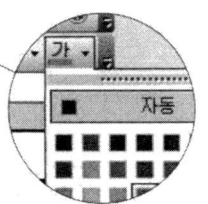

셀에 데이터를 입력하고 깔끔한 문서를 만들기 위해서는 데이터 셀 맞춤을 이용한다. 데이터를 원하는 모양으로 맞춤하는 방법을 알아보고 테두리 서식을 적용하여 깔끔한 표를 만들어 보자.

학습 목표

- 데이터의 수직과 수평 맞춤, 셀 테두리 등을 적용할 수 있다.
- 다양한 테두리를 적용한 표를 작성할 수 있다.
- 셀 서식만 다른 셀로 복사할 수 있다.

01 셀 테두리 적용

시트의 각 셀에는 셀을 구분하는 셀 눈금선이 있다. 셀의 눈금선은 인쇄할 때는 나타나지 않으므로 필요한 부분에 셀 테두리 선을 설정해 주어야 한다.

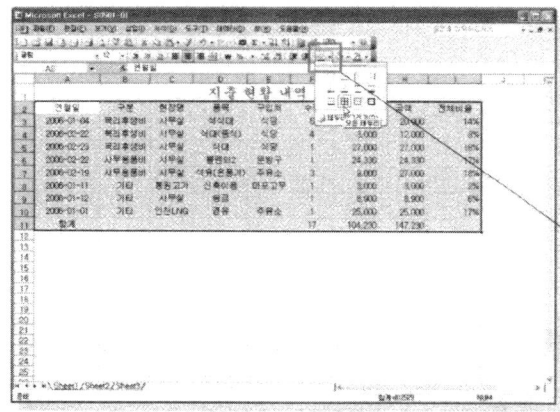

01 제목을 제외한 데이터를 범위 설정한 후 서식 도구 모음 중 [테두리] 아이콘( )의 화살표를 클릭하여 원하는 테두리 유형을 선택한다. 범위 설정된 모든 셀에 실선을 적용하고자 할 경우는 '모든 테두리(田)' 유형을 선택한다.

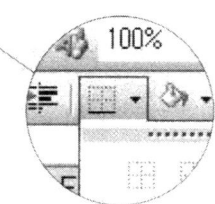

〈시작 예제〉 C:\Spreadsheet\Chapter05\S0503-01.xls

02 [서식]–[셀]을 클릭하여 [셀 서식] 대화 상자에서 좀 더 다양한 형태의 테두리를 설정할 수 있다. 먼저 '선 스타일'을 선택한 후 설정할 영역을 테두리 부분에서 선택한다.

02 셀 병합 및 셀 맞춤

엑셀에서 문자 데이터는 기본적으로 왼쪽 기준으로 정렬되고, 숫자 데이터는 오른쪽 기준으로 정렬된다. 이렇게 입력된 데이터를 셀에서 맞춤으로 정렬 방식을 변경한다.

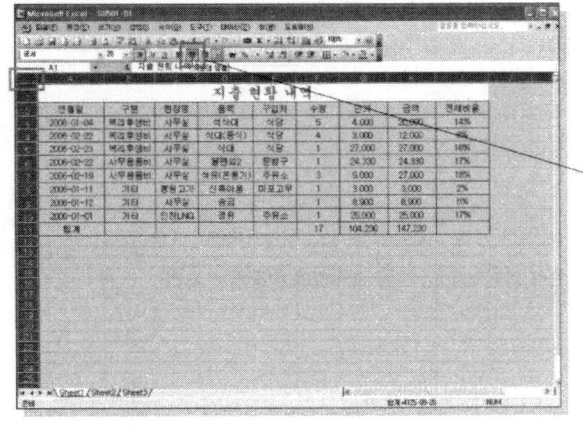

01 문서 전체를 선택한 후 서식 도구 모음의 [가운데 맞춤] 아이콘(를)을 두 번 클릭한다.

02 '합계' 항목을 가운데 맞춤하기 위해서 'A1:E1'까지 범위 설정한 후 서식 도구 모음 중 [병합하고 가운데 맞춤] 아이콘( )을 클릭한다.

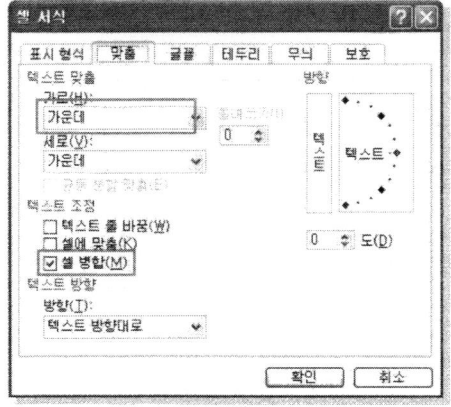

03 또는 [서식]-[셀]을 클릭하여 [셀 서식] 대화 상자의 [맞춤] 탭에서 가로는 '가운데', [셀 병합]을 체크하여 변경할 수 있다.

 셀 서식의 텍스트 맞춤 옵션

❶ 가로

수평 맞춤을 설정할 수 있다.

❷ 세로

수직 맞춤을 설정할 수 있다. 서식 도구 모음에는 제공되지 않으므로 세로 맞춤을 설정할 경우 메뉴를 이용해야 한다.

❸ 텍스트 줄 바꿈

문자 데이터일 경우 하나의 셀에 데이터가 여러 줄로 나타나도록 자동으로 줄 바꿈이 설정된다.

❹ 셀에 맞춤

셀 너비에 맞게 글꼴 크기가 축소된다.

❺ 셀 병합

2개 이상의 셀을 하나의 셀로 병합한다.

❻ 방향

데이터가 입력되는 방향을 설정한다. 세로 방향으로 변경하거나 각도를 입력하여 변경할 수 있다.

03 서식 복사 기능

데이터를 제외한 적용된 서식(표시 형식, 맞춤, 글꼴, 테두리, 무늬)을 다른 셀로 복사하는 기능이다. 동일한 형태의 서식을 설정하고자 할 때 주로 이용한다.

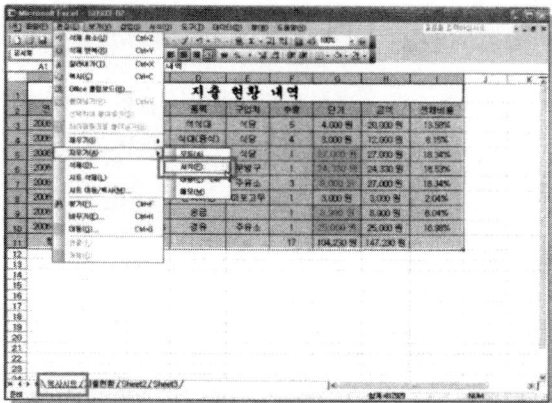

01 우선 [복사시트] 시트에 있는 데이터의 서식을 삭제해 보도록 한다. 'A1:I11' 까지 범위 설정한 후 [편집]-[지우기]-[서식] 메뉴를 선택한다.

〈시작 예제〉 C:\Spreadsheet\Chapter05\S0503-02.xls

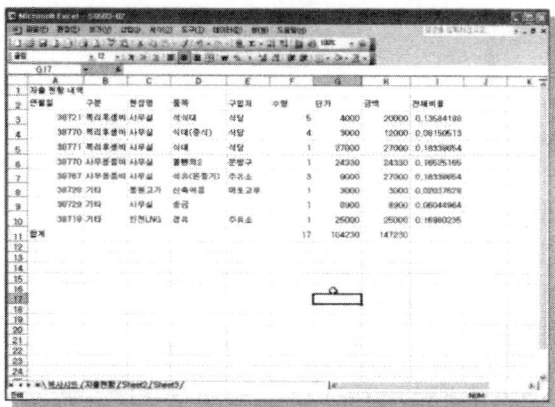

02 서식은 모두 지워지고 데이터만 남는다.

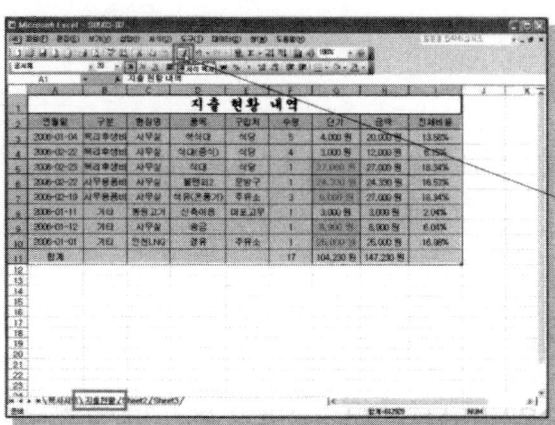

03 서식을 복사하기 위하여 [지출현황] 시트로 이동한다. 'A1:I11' 까지 전체 범위 설정 한 후 표준 도구 모음 중 [서식 복사] 아이콘()을 선택한다.

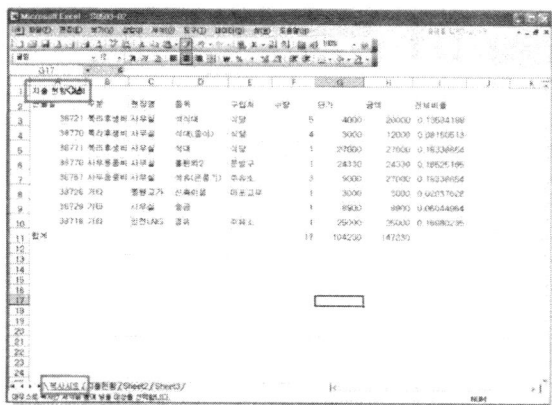

04 [서식 복사] 아이콘( )이 선택되면 마우스를 따라 다니는 아이콘 모양을 볼 수 있다. 복사를 적용할 [복사시트] 로 이동하여 'A1' 셀을 클릭한다.

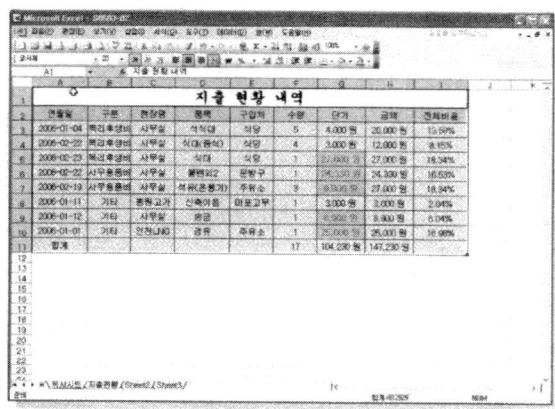

05 동일한 모양의 서식이 적용된 결과를 볼 수 있다.

tip 서식 복사 여러 번 하는 방법

설정 된 하나의 서식을 연속적인 여러 셀 범위에 서식 복사 하기 위해서는 [서식 복사] 아이콘( )을 2번 연속 하여 누른다.

여러 번 서식 복사를 적용할 수 있으며 해제 할 경우는 [서식 복사] 아이콘( )을 한번 더 누르거나 키보드의 〈Esc〉 키를 누른다.

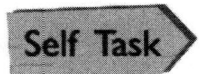

Task 1

'SO5-01-st.xls' 파일을 연 후 'B1:F14' 셀의 안쪽과 윤곽선에 실선 테두리를 적용하고 'B1:F1' 셀의 바탕색을 '연한 노랑'으로 채우시오.

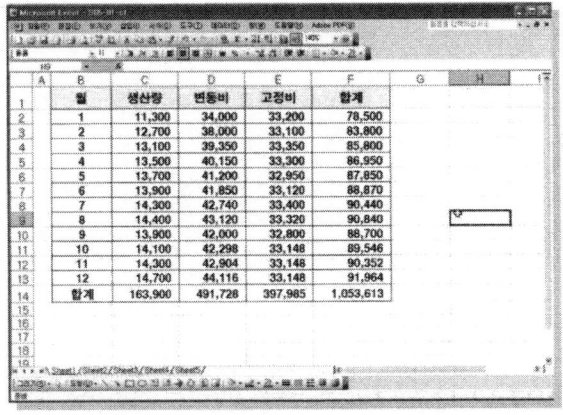

1. [파일]-[열기]를 선택한다.
2. [열기] 대화 상자에서 'SO5-01-st.xls'을 선택한 후 [열기] 단추를 클릭한다.
3. 'B1:F14' 까지 범위 지정한 후 마우스 오른쪽 단추를 클릭하여 [셀 서식]을 선택한다.
4. [테두리] 탭을 선택한 후 선 스타일을 '실선'을 선택한 후 [안쪽]과 [윤곽선] 단추를 클릭하여 선을 적용한다.
5. [무늬] 탭으로 이동한 후 '연한 노랑'을 선택하고 [확인] 단추를 클릭한다.
6. 모든 셀에 테두리가 지정된다.

〈시작 예제〉 C:\Spreadsheet\Chapter05\SO5-01-st.xls

Task 2

'SO5-02-st.xls' 파일을 연 후 'C2:F14' 셀의 수치 데이터에 '천 단위 마다 콤마' 표시를 하시오.

1. [파일]-[열기]를 선택한다.
2. [열기] 대화 상자에서 'SO5-02-st.xls'을 선택한 후 [열기] 단추를 클릭한다.
3. 'C2:F14' 까지 범위 지정한다.
4. [서식] 도구 모음의 [쉼표 스타일] 아이콘(,)을 클릭한다.
   또는 마우스 오른쪽 단추를 클릭하여 [셀 서식]을 선택하여 [표시 형식] 탭의 '숫자' 범주의 [1000 단위 구분 기호(,) 사용]란에 체크한다. [확인] 단추를 클릭한다.

〈시작 예제〉 C:\Spreadsheet\Chapter05\SO5-02-st.xls

Chapter 06

차트

Chapter 06 차트

>>> 차트란 워크시트에 입력된 자료를 막대 그래프나 꺾은선 그래프 등의 시각적인 자료로 표현하는 기능이다. 이 기능은 사용자가 구성 항목간의 비교, 시간의 흐름에 따른 추세나 경향분석, 구성 비율 등 데이터의 상호 관계를 보다 쉽게 파악할 수 있도록 도와준다.

차트 작성

스프레드시트에서 차트를 작성할 때는 주로 마법사를 이용한다. 차트 마법사를 이용하여 차트를 작성하고자 할 때에는 우선 차트 대상이 되는 데이터의 범위가 선택되어야 한다.

학습 목표

- 차트의 종류에는 어떤 것들이 있는지 알아본다.
- 기본 차트를 작성하여 차트 영역과 차트의 축 서식 등을 변경할 수 있다.
- 계열의 단위와 데이터의 범위 등을 변경할 수 있다.

01 차트 종류

스프레드시트에서는 14개의 차트 종류와 70여 개의 하위 차트를 만들 수 있다. 모든 종류의 차트는 차트 마법사에 포함되어 있으며 차트를 구성하는 요소들에 데이터를 입력함으로서 다양한 형태로 구성 할 수가 있다.

차트의 종류	특　　　　징
세로 막대형	시간의 흐름에 따라 데이터의 변화나 개별 항목의 비교 등에 사용된다. 주로 시간에 따른 데이터 변화를 명료하게 나타낼 수 있다.
가로 막대형	각 항목의 크기나 특정 시점의 개별 값의 크기를 나타내거나 각 항목들 사이에 비교된 내용을 나타낼 때 사용한다.
꺾은 선형	특정 시기에 대한 데이터의 변화를 일정한 간격으로 나타내어 시간 변동에 따른 값의 변화율을 파악하는데 효과적이다.
원 형	원형 차트는 데이터 계열을 구성하는 항목을 항목 합계에 대한 크기 비율로 표시한다. 항상 데이터 계열을 하나만 표시하므로 중요한 요소를 강조할 때 유용하다.
분산형	몇몇 데이터 계열의 수치 데이터들 사이의 관계를 보여주거나 두 수치 그룹의 X,Y 좌표의 한 계열로 나타낸다. 이 차트는 불균등한 간격이나 군집을 잘 나타내기 때문에 과학적 자료를 표현하는데 사용된다.

차트의 종류	특 징
영역형	시간 변동에 따른 값의 크기 변화를 파악하는데 효과적으로 '꺾은선형' 차트와 거의 같은 용도로 사용되는데 '꺾은선형' 차트가 시간에 따른 변화나 추세를 선으로 표현하는데 비하여 '영역형' 차트는 영역으로 표현한다.
도넛형	'원형' 차트와 비슷한 용도로 사용되는데 '원형' 차트가 하나의 계열을 가지는데 비해 도넛형 차트는 다중 계열을 가질 수 있다.
방사형	'방사형' 차트의 모든 종류는 중심점에서 퍼져 나오는 축을 가지며, 같은 계열에 있는 값들은 모두 선으로 연결한다. 이 차트는 많은 데이터 계열의 집계 값을 비교할 때 사용한다.
표면형	두 데이터 집합에서 최적의 조합을 찾고자 할 때 사용한다.
거품형	'분산형' 차트의 한 종류로서 데이터 계열간의 항목 비교에 사용한다.
주식형	주식의 거래량, 최고가, 최저가, 개시가, 종가 등을 비교하여 주가의 동향을 파악하고자 할 때 사용한다. 과학용 데이터 분석에도 사용할 수 있다.
원통형 원뿔형 피라미드형	데이터의 표식이 '3차원 세로 막대형' 차트와 '가로 막대형' 차트에 시각적인 효과를 줄 수 있다.

02 차트 작성

아래의 데이터에서 대리점명, 매출액, 수금액의 데이터를 분석할 수 있는 차트를 작성하고자 한다.

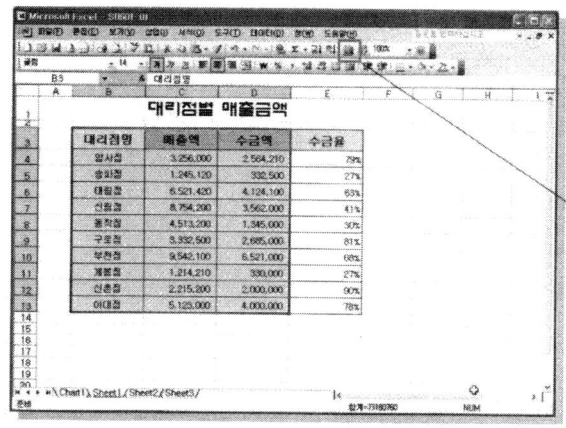

〈시작 예제〉 C:\Spreadsheet\Chapter06\S0601-01.xls

01 차트를 작성할 'B3:E13' 까지 범위를 선택한 후 표준 도구 모음의 [차트 마법사] 아이콘( )을 클릭한다.
만약 떨어져 있는 데이터 범위를 설정할 때는 〈Ctrl〉 키를 누른 상태에서 차트를 작성할 범위를 선택한다.

02 차트 마법사의 1단계 대화 상자가 나타
난다. 작성하고자 하는 차트의 종류를
선택할 수 있다. '차트 종류'에서 원하
는 차트 종류를 선택하면 '하위 종류'
에서 세부적인 차트를 선택할 수 있다.
선택한 차트는 [미리 보려면 여기를 클
릭하십시오] 단추를 클릭하여 결과를
미리 볼 수도 있다. [다음] 단추를 클릭
한다.

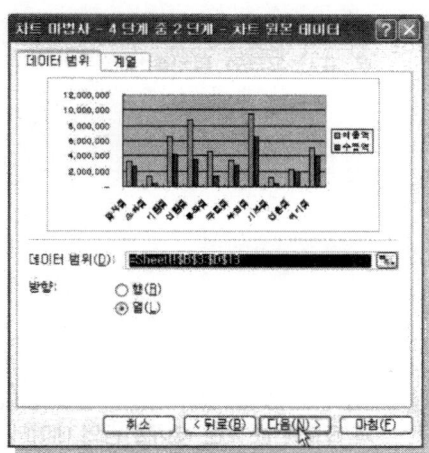

03 차트 마법사 2단계에서는 차트를 작성
할 범위 및 계열을 설정할 수 있다. 차
트 마법사를 실행하기 전에 워크시트
데이터를 범위 설정하지 않았을 경우
2단계에서 범위를 설정할 수 있으며
또한 선택한 범위를 수정할 수도 있다.
[다음] 단추를 클릭한다.

 계열 탭

[계열] 탭에서는 각 계열의 이름 및 값을 별도로 사용자가 추가하거나 삭제할 수 있다.

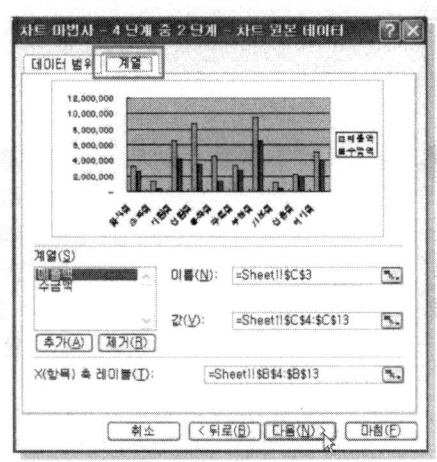

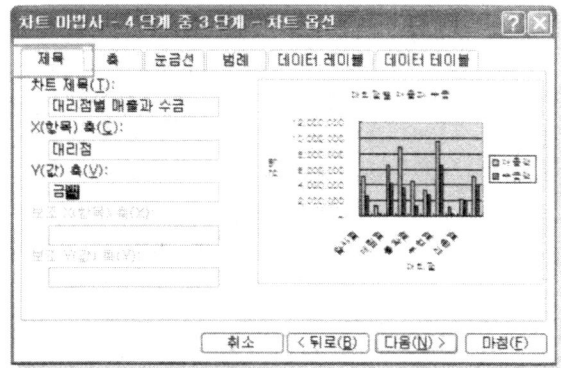

04 차트 마법사 3단계에서 차트의 서식을 설정할 수 있는 부분이다. 제목, 축, 눈금선, 범례, 데이터 레이블, 데이터 테이블의 세부 항목이 있으며 선택한 차트의 종류에 따라 3단계에 나타나는 세부 항목들은 조금씩 차이가 있다. [제목] 탭에서는 차트 제목, X/Y축 제목을 입력한다.

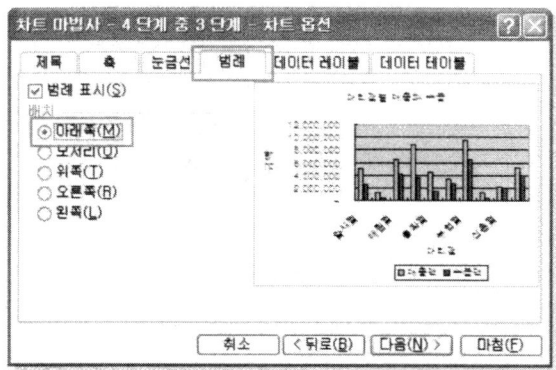

05 [범례] 탭은 각각의 계열이 어떠한 항목을 나타내는지 표시해 주는 부분으로 표시 유무와 위치를 설정할 수 있다. [배치]를 [아래쪽]으로 선택한다.

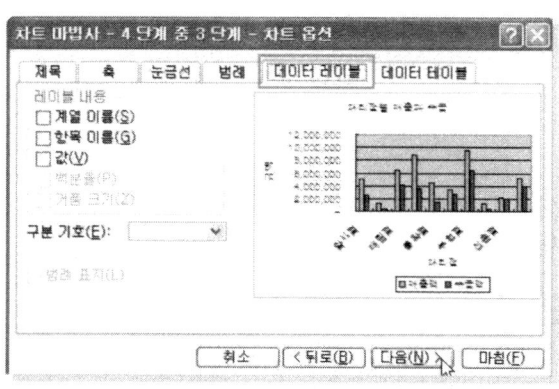

06 [데이터 레이블] 탭에서는 각각의 계열과 요소에 값 또는 레이블 등의 데이터를 추가로 표시해 주는 부분이다. 데이터 레이블은 원형 차트일 경우에 주로 많이 사용한다.
[다음] 단추를 클릭한다.

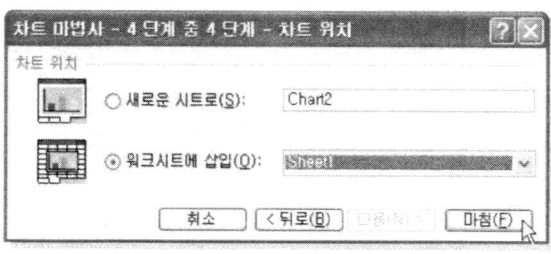

07 차트 마법사 4단계에서는 차트를 삽입할 위치를 지정한다. 차트는 워크시트 셀 데이터가 있는 시트 뿐 아니라 다른 파일에도 삽입할 수 있다. 여기서는 차트 위치를 현재의 워크시트에 삽입하기 위하여 [워크시트에 삽입]을 선택한 후 [마침] 단추를 선택한다.

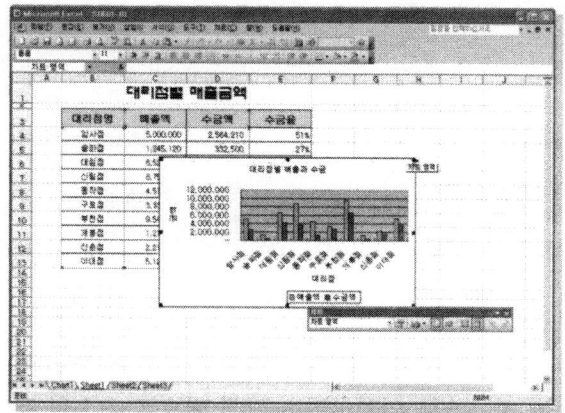

08 현재의 시트에 차트가 삽입되었다. 삽입된 차트의 위치, 크기, 서식 등은 사용자가 원하는 형태로 변경하여 사용할 수 있다.

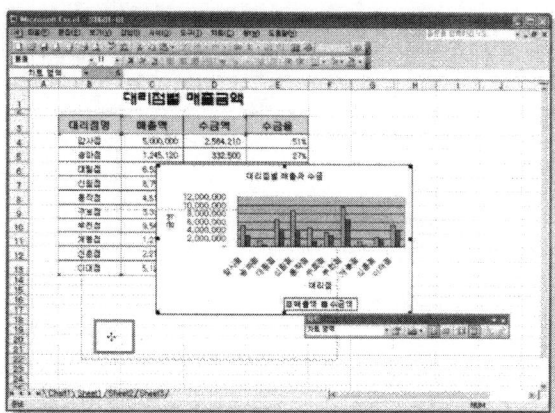

09 차트의 위치를 변경할 경우는 차트 영역 위치에 마우스를 위치한 후 드래그하여 위치를 변경한다.

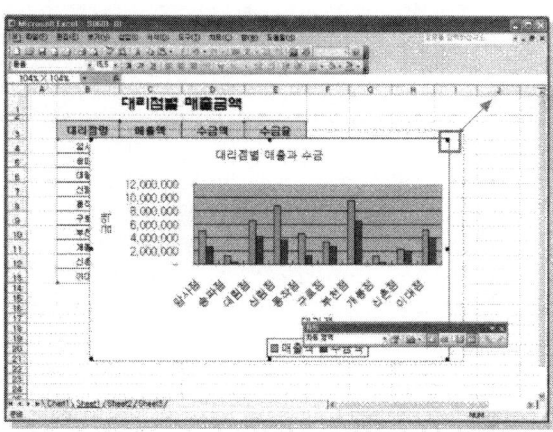

10 크기를 조절할 경우는 차트 테두리의 크기 조절 포인터에서 드래그하여 균형에 맞게 조절한다. 차트 전체의 크기를 조절하면 차트 내의 문자 크기도 같이 변경된다.

차트는 시트의 셀 데이터를 이용하여 작성하므로 차트와 데이터는 당연히 밀접한 관계를 갖고 있다. 데이터가 변경되었을 때 별도로 차트를 수정하지 않아도 차트 계열 크기는 자동으로 변경된다. 또한 새로운 데이터를 차트에 추가할 수도 있고, 차트에 표시된 데이터 표시 중 일부를 지울 수도 있다.

차트의 모든 구성 요소들은 해당되는 부분에 마우스를 위치하면 노란색 팁으로 요소의 명칭을 보여준다. 해당 부분을 클릭하여 선택이 되면 이를 이동하거나 더블 클릭하여 각 구성 요소의 서식을 지정하는 대화 상자를 이용하여 차트의 구성 요소 및 서식을 사용자가 원하는 형태로 수정할 수 있다.

01 차트의 데이터 변경

차트는 워크시트의 원본 데이터와 연결되어 있으므로 셀의 데이터가 변경되면 차트의 해당 계열 요소의 크기나 길이가 변경된다. 또한 차트의 한 계열 요소의 크기를 변경하면 워크시트의 셀 데이터 값이 변경된다.

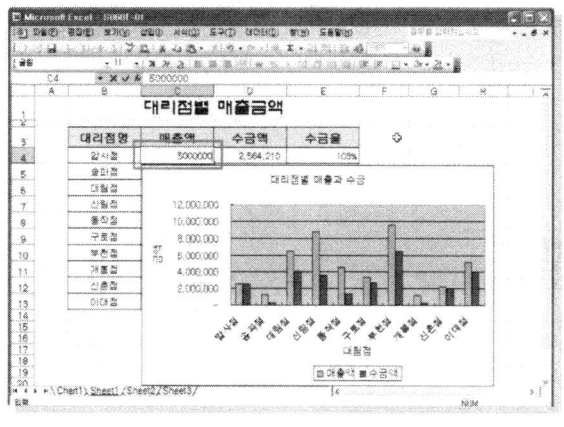

01 'C4' 셀을 '5,000,000' 으로 변경한다.

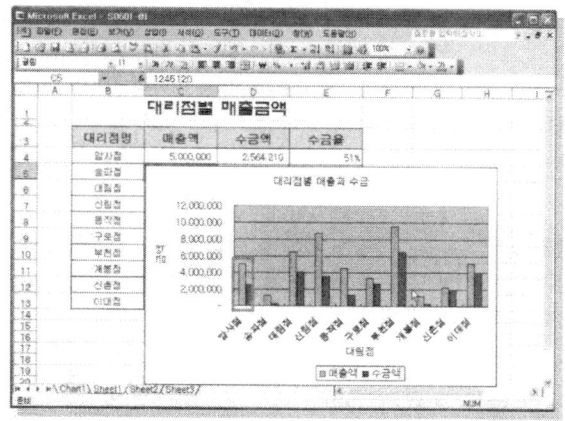

02 'C4' 셀 값이 변경됨과 동시에 차트의 데이터 길이도 변경되었다.

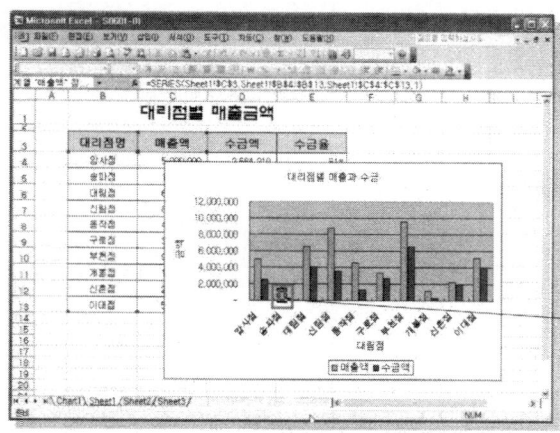

03 다른 방법으로 차트의 길이를 변경해 보자. 송파점의 매출액 차트 막대를 선택한다. 한번 클릭하면 같은 계열의 막대가 선택되고, 다시 한 번 클릭하면 하나의 막대만 선택된다.

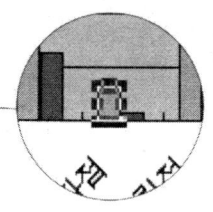

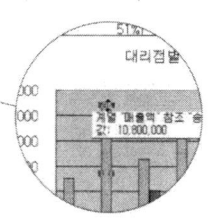

04 송파점의 매출액 데이터 차트 요소가 선택된 상태에서 가장 자리의 크기 조절점을 드래그하여 크기를 조절한다. 조절한 데이터 값이 시트의 'C5' 셀에 변경되어 적용된 것을 확인할 수 있다.

02 차트 영역 서식 변경

차트 영역에서 마우스 오른쪽 단추를 클릭하면 차트의 전체적인 사항을 수정 편집할 수 있는
메뉴가 나타난다.

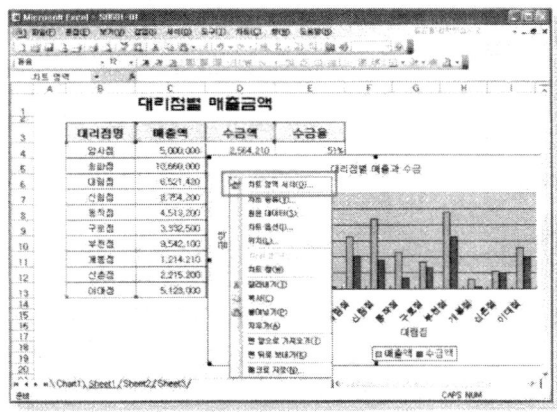

01 차트 영역 위에서 마우스 오른쪽 단추를 클릭하여 [차트 영역 서식]을 선택한다.

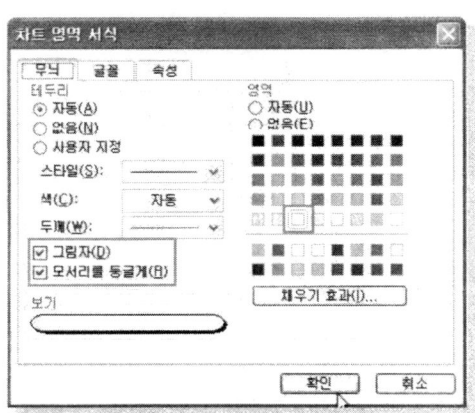

02 [차트 영역 서식] 대화 상자에서 차트 전체의 무늬, 글꼴, 속성들에 대한 서식을 지정할 수 있다. 차트는 각 구성 요소마다 서식을 별도로 변경할 수 있는데, 차트 영역에서 변경하면 모든 구성 요소에 적용된다.
[무늬] 탭에서 [그림자], [모서리를 둥글게]를 선택하고 [영역]에서 색을 선택 [확인] 단추를 클릭한다.

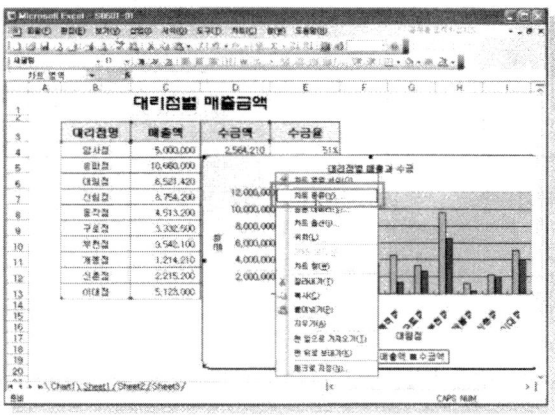

03 차트 영역 위에서 마우스 오른쪽 단추를 클릭하여 [차트 종류]를 선택한다.

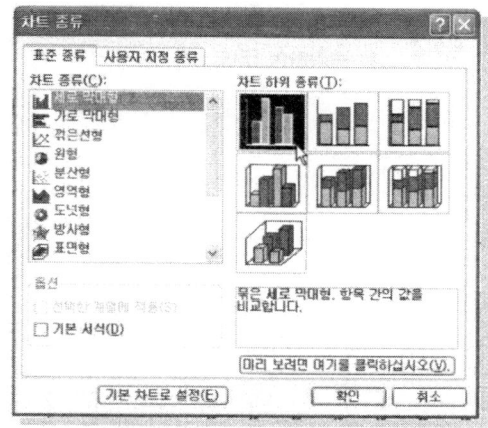

04 차트 마법사 1단계의 [차트 종류] 대화 상자에서는 차트의 종류를 변경할 수 있다. 기본 값을 그대로 둔채 [확인] 단추를 클릭한다.

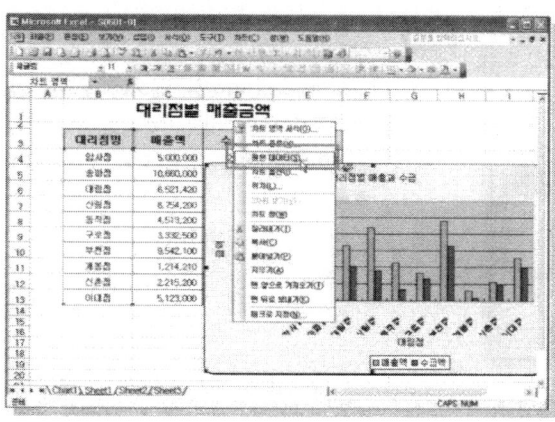

05 차트 영역 위에서 마우스 오른쪽 단추를 클릭하여 [원본 데이터]를 선택한다.

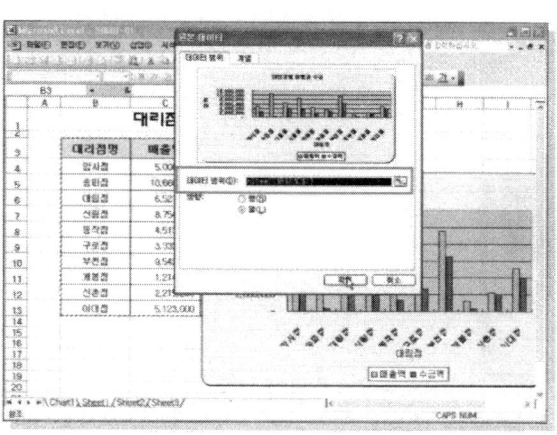

06 차트 마법사의 2단계의 [원본 데이터] 대화 상자가 나타나는데, 차트를 작성한 워크시트 원본 데이터가 점선으로 선택되고, 차트작성 데이터를 변경하거나 계열의 위치를 다시 지정할 수 있다. 지정된 범위를 확인하고 [확인] 단추를 클릭한다.

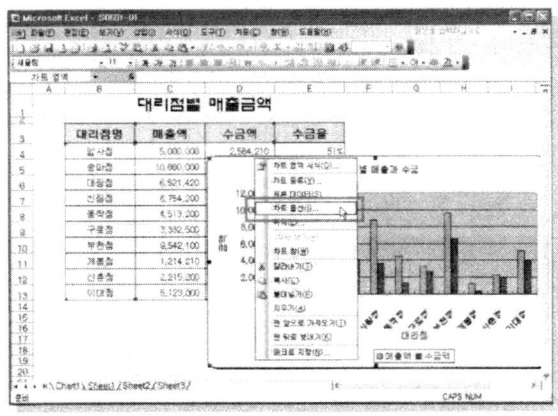

07 차트 영역 위에서 마우스 오른쪽 단추를 클릭하여 [차트 옵션]을 선택한다.

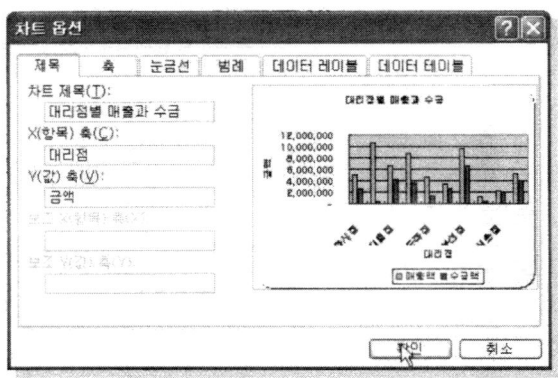

08 차트 마법사 3단계의 [차트 옵션] 대화 상자가 나타나는데, 제목, 축, 눈금선, 범례, 데이터 레이블, 데이터 테이블 등의 항목을 추가 또는 수정할 수 있다. 차트의 옵션을 확인 한 다음 [확인] 단추를 클릭한다.

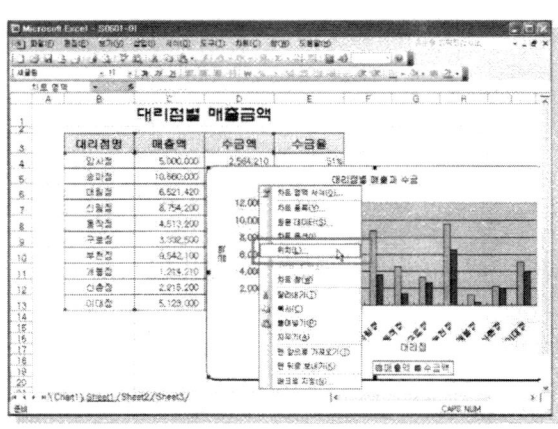

09 차트 영역 위에서 마우스 오른쪽 단추를 클릭하여 [위치]를 선택한다.

 차트 삭제

시트에 삽입된 차트를 지우려면 차트 영역을 선택한 후 〈Delete〉 키를 누른다. 만약 특정 요소 (예 : 차트 제목, 범례 등)를 선택한 후 〈Delete〉 키를 누르면 해당 요소만 삭제된다.

10 차트 마법사의 4단계의 [차트 위치] 대화 상자로 차트를 삽입할 위치를 다시 지정할 수 있다. 원래대로 두고 [확인] 단추를 클릭한다.

03 차트 요소 서식 변경

차트에 삽입된 각 항목들은 각각 선택하여 원하는 위치대로 자유롭게 이동할 수 있다. 또한 서식을 변경할 때는 마우스 오른쪽 단추를 클릭하여 [서식]을 선택하거나 더블 클릭하면 서식을 변경할 수 있는 대화 상자가 나타난다.

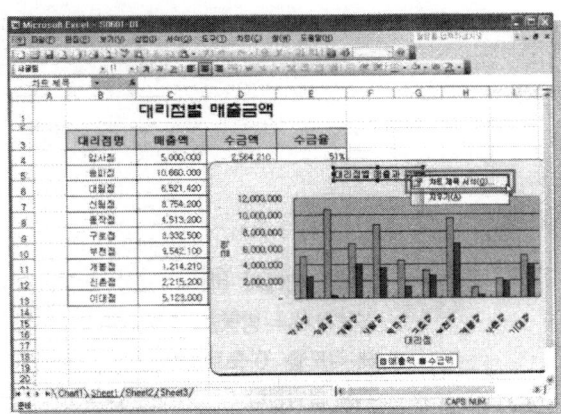

01 차트 제목 서식을 변경하기 위하여 차트 제목인 '실적집계표'에서 마우스 오른쪽 단추를 클릭하여 [차트 제목 서식]을 선택하거나 제목을 더블 클릭한다.

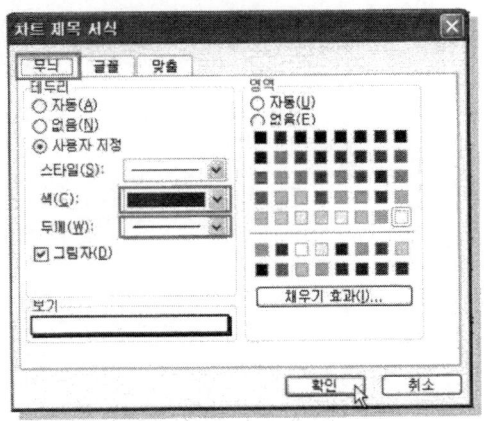

02 [차트 제목 서식] 대화 상자가 나타나고 무늬, 글꼴, 맞춤 탭에서 각각의 항목을 설정할 수 있다.
[무늬] 탭에서 테두리의 색은 '파랑', 두께는 '3번째선'을 선택한 후 [확인] 단추를 클릭한다.

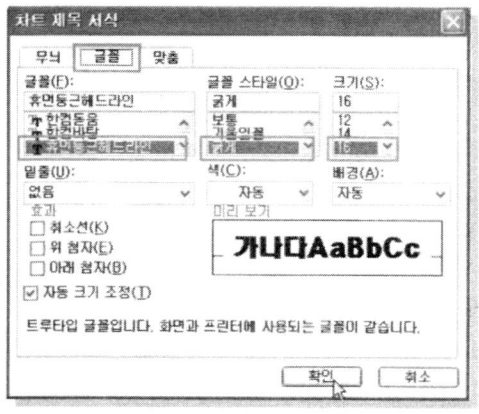

03 [글꼴] 탭에서 글꼴은 '휴먼둥근헤드라 인', 글꼴 스타일은 '굵게', 크기는 '16'으로 바꾼 후 [확인] 단추를 클릭 한다.

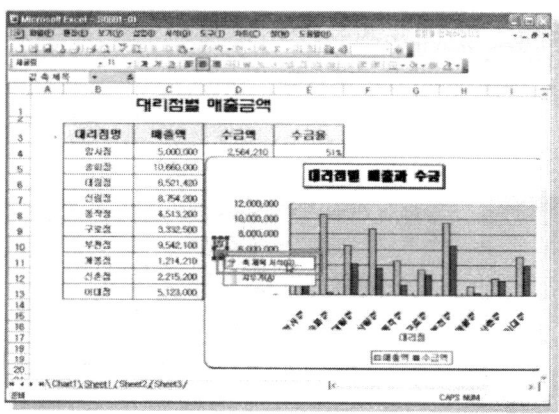

04 Y축 제목 '금액' 문자의 방향을 변경 해 보도록 한다. Y축 제목인 '금액' 문 자에서 마우스 오른쪽 단추를 클릭하 여 [축 제목 서식]을 선택하거나, 더블 클릭한다.

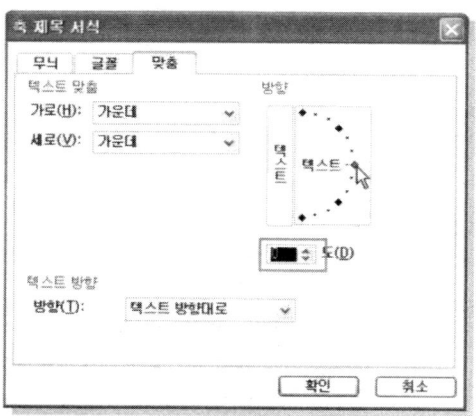

05 [맞춤] 탭에서 방향을 세로 방향으로 선택하거나 방향을 수평으로 하기 위 해 각도를 '0'도로 선택한다. [확인] 단 추를 클릭한다.

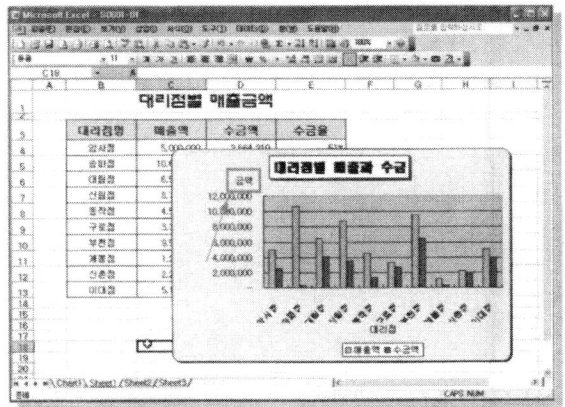

06 Y축 제목을 원하는 위치로 드래그하여 이동한다. 각 제목의 서식이 변경된 결과이다.

04 축 서식 변경

현재 상태에서 X축과 Y축의 글자 크기가 상대적으로 커서 보기에 좋지 않아 글자 크기를 조절해 보자.

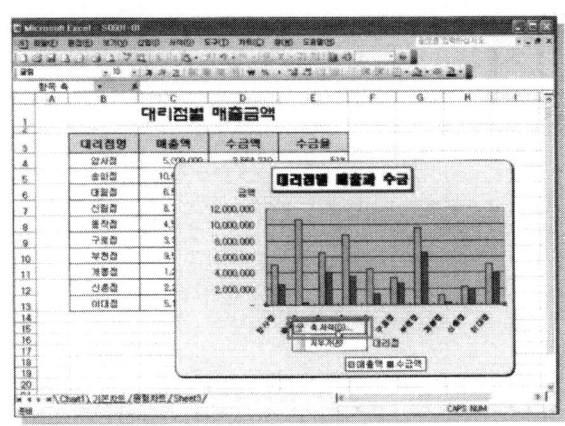

01 항목 X축 위에서 마우스 오른쪽 단추로 클릭한다. 단축 메뉴에서 [축 서식]을 선택한다.

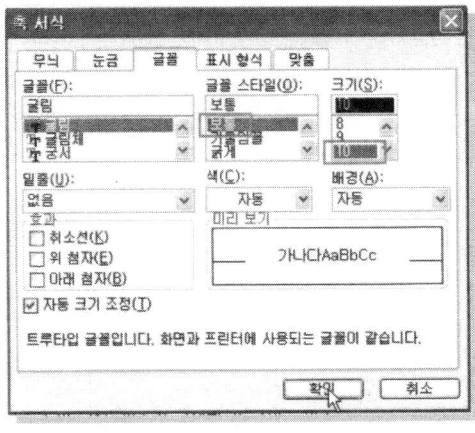

02 [글꼴] 탭에서 [글꼴]을 '굴림', [글꼴 스타일]을 '보통', [크기]를 '10'으로 지정하고 [확인] 단추를 클릭한다.

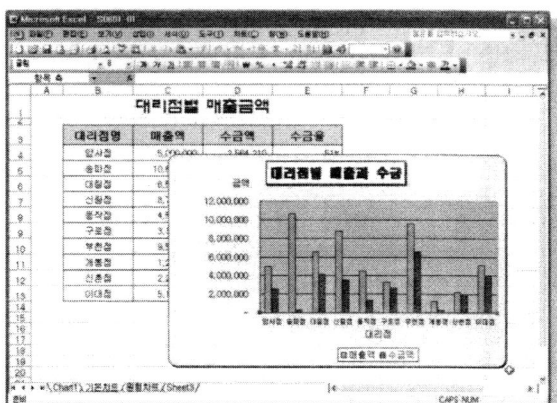

03 X축의 글자가 지정한 대로 변경된다.

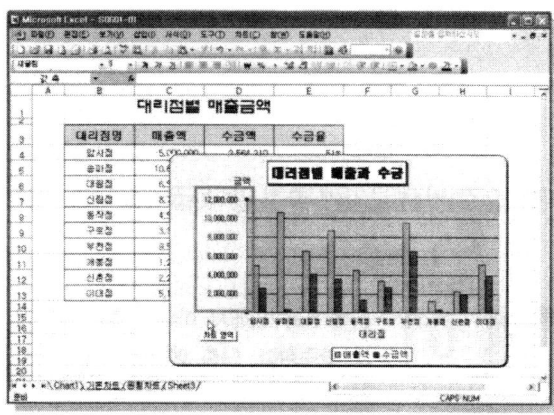

04 Y축의 글자도 같은 방법으로 바꾼다.

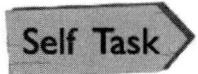

Task1

'SO6-01-st.xls' 파일을 열고 'B2:C7' 범위를 '묶은 세로 막대형' 그래프로 작성하시오.

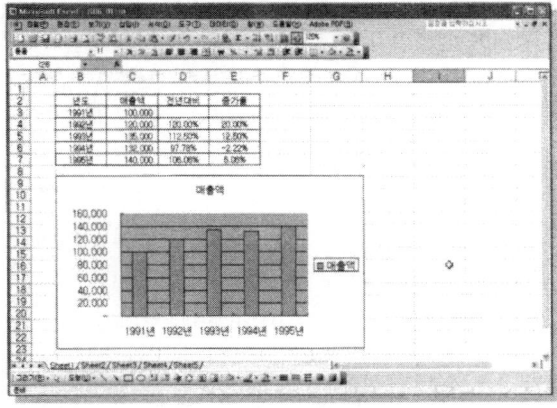

〈시작 예제〉 C:\Spreadsheet\Chapter06\S06-01-st.xls

1. [파일]-[열기]를 선택한다.
2. [열기] 대화 상자에서 'S06-01-st.xls'을 선택한 후 [열기] 단추를 클릭한다.
3. 'B2:C7' 까지 범위 지정한 후 [차트 마법사] 아이콘을 클릭한다.
4. 차트 마법사 1단계의 차트의 종류를 '세로 막대', 하위 종류를 '묶은 세로 막대형'으로 선택한 후 [다음] 단추를 클릭하여 마지막 4단계까지 진행한다.
5. 워크시트에 차트가 삽입되었다.

Task2

작성한 차트에 차트 제목을 '년도별 매출 현황'으로 수정하고 범례를 삭제하시오.

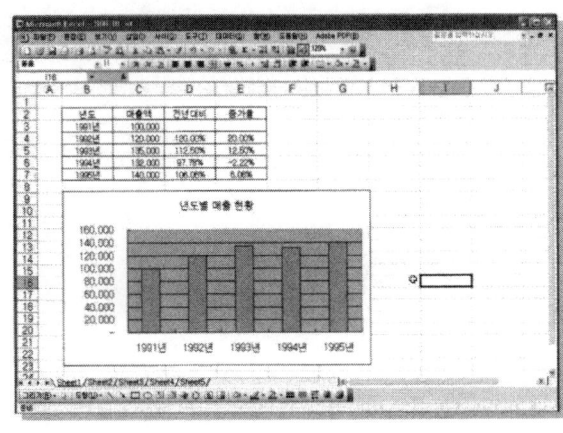

1. 위에서 작성된 차트 위에서 마우스 오른쪽 단추를 클릭하여 [차트 옵션]을 선택한다.
2. [차트 옵션] 대화 상자에서 [제목] 탭을 클릭하여 차트 제목을 '년도별 매출 현황'으로 입력한다.
3. [범례] 탭을 선택하여 [범례 표시]의 체크 표시를 없앤 후 [확인] 단추를 클릭한다.

Chapter 07

워크시트 인쇄

Chapter 07 워크시트 인쇄

>>> 스프레드시트의 워크시트는 워드 프로세서와 다르게 페이지 구분이 어렵다. 인쇄를 하기 전에 미리 보기를 이용하여 페이지 설정이나 여백 등을 쉽게 설정 할 수 있다. 기본적인 인쇄 방법과 행과 열을 반복해서 인쇄하는 방법 등을 알아보자.

Section 01 인쇄 설정

인쇄를 하기 전에 인쇄 미리 보기에서 여백과 용지의 크기 등을 설정하여 인쇄를 했을 때의 정확한 틀을 유지할 수 있다.

학습 목표

• 문서를 인쇄하기 전에 용지의 크기나 여백 등을 조정하기 위한 인쇄 미리 보기를 할 수 있다.
• 인쇄를 위한 페이지 설정을 할 수 있다.
• 머리글과 바닥글을 설정하여 모든 페이지에 반복되는 항목을 표시할 수 있다.

01 인쇄 미리 보기

문서 작성을 완료했다 하더라도 인쇄 전에 반드시 인쇄할 문서를 확인해 봐야 한다. 그래야만 종이와 잉크의 낭비를 줄일 수 있다. 인쇄 미리 보기로 문서의 여백이나 정렬 상태를 맞추었다 면 인쇄 명령을 이용하여 프린터를 이용하여 종이에 인쇄한다.

01 [파일]-[인쇄 미리보기] 메뉴를 클릭한다.

〈시작 예제〉 C:\Spreadsheet\Chapter07\S0701-01.xls

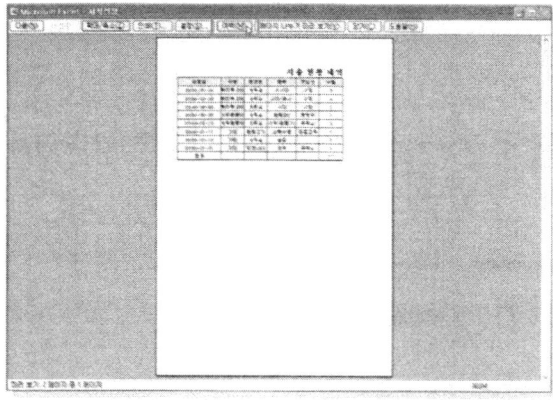

02 인쇄 미리 보기 화면으로 바뀌면서 인쇄될 문서의 모습이 나타난다. [여백] 단추( )를 클릭해 보자.

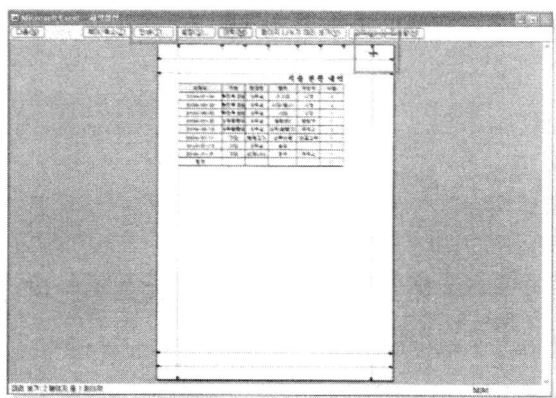

03 문서의 일부분이 잘리면 여백의 경계선을 드래그하여 조절한다. [인쇄] 단추를 클릭한다.

04 [인쇄] 대화 상자가 나타나면 프린터와 인쇄할 페이지, 인쇄 매수를 설정한 후 [확인] 단추를 클릭한다.

02 페이지 설정

서식 적용이 완료된 데이터를 인쇄하기 전에 인쇄 방향, 여백, 페이지 맞춤 등을 설정할 수 있다.

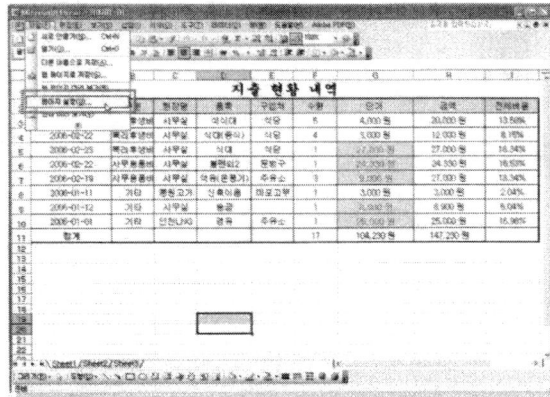

01 문서를 가운데로 인쇄하기 위해 [파일]-[페이지 설정]을 클릭한다.

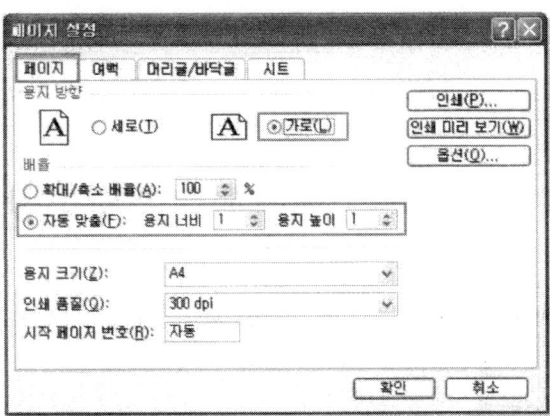

02 [페이지 설정] 대화 상자가 실행되면 [페이지] 탭에서 용지의 방향과 배율을 선택할 수 있다. 용지의 방향을 [가로]로 선택을 하고 자동 맞춤에서 '용지 너비'와 '용지 높이'를 '1'로 설정한다.

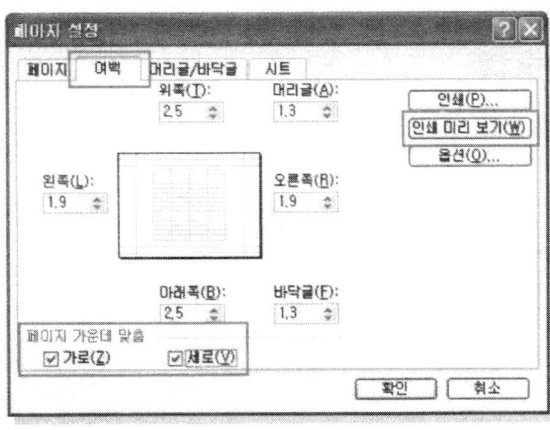

03 [여백] 탭에서는 여백 및 인쇄 내용이 페이지의 가운데에 인쇄도록 설정할 수 있다. 페이지 가운데 맞춤의 '가로'와 '세로'를 모두 체크하고 [인쇄 미리 보기] 단추를 클릭한다.

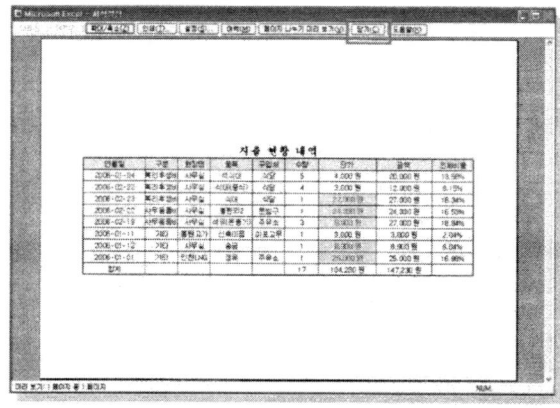

04 문서의 내용이 1쪽에 인쇄되도록 자동으로 축소되면서 내용이 페이지의 가운데에 인쇄되도록 설정된다. [닫기] 단추를 클릭한다.

 확대/축소 배율

'확대/축소 배율'은 인쇄 영역이 종이보다 넓으면 50~80%로 축소하고, 좁으면 120~200% 정도로 확대하여 인쇄 할 수 있다.

03 머리글과 바닥글 작성

문서의 위쪽과 아래쪽의 여백에 머리글과 바닥글이 삽입된다. 머리글과 바닥글에 문서 정보가 인쇄되게 해보자.

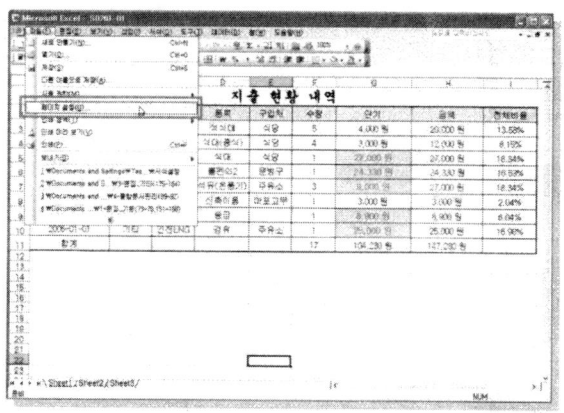

01 [파일]-[페이지 설정] 메뉴를 클릭한다.

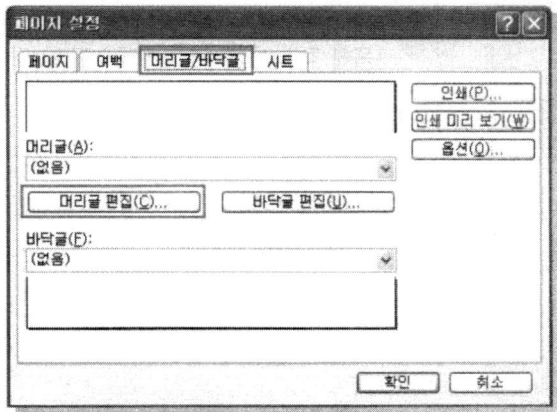

02 [페이지 설정] 대화 상자의 [머리글/바닥글] 탭에서 [머리글 편집] (머리글 편집(C)...)단추를 클릭한다.

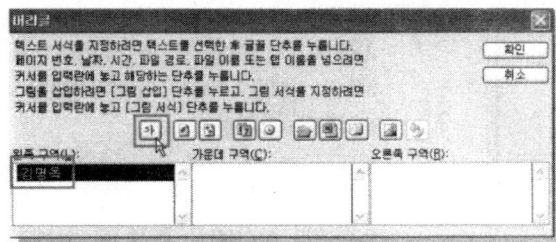

03 [머리글] 대화 상자가 나타나면 왼쪽 구역에 작성자 이름을 입력한 후 드래그하여 블록을 설정하고 [글꼴] 아이콘 (가)을 클릭한다.

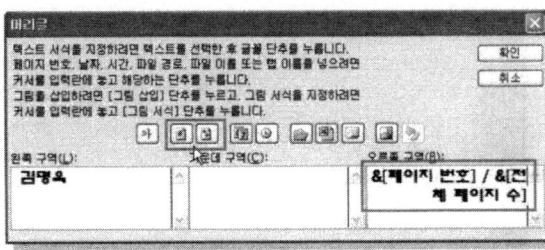

04 [글꼴] 대화 상자에서 글꼴과 글꼴 스타일, 크기 등을 선택하여 원하는 형태를 선택하고 [확인] 단추를 클릭한다.

05 머리글의 오른쪽 구역에는 현재 페이지와 전체 페이지 수를 입력해 보자. 현재 페이지와 전체 페이지 수를 입력하기 위해 오른쪽 구역에 [페이지 번호]와 [전체 페이지 수] 아이콘( )을 차례로 클릭한다.
현재 페이지와 전체 페이지를 구분하기 위해서는 중간에 구분 기호를 직접 키보드로 입력한 후 글꼴 서식을 변경하고 [확인] 단추를 클릭한다.

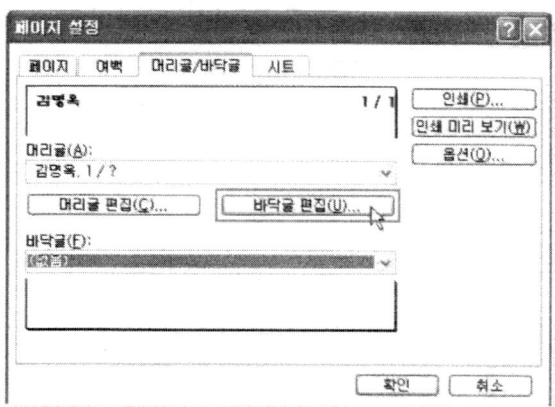

06 머리글 입력이 완료되면 미리 보기 항목에 각각 나타난다. [바닥글 편집] 단추를 클릭한다.

07 [바닥글] 대화 상자에서 각 구역에 커서를 둔 후 날짜와 시간을 입력하기 위해서는 [날짜]와 [시간] 아이콘( )을 차례로 클릭한다.
파일의 경로와 파일 명, 그리고 시트 이름을 입력하기 위해서는 [경로]와 [파일], [탭] 아이콘( )을 차례로 클릭한다.

 머리글/바닥글에 로고 그림넣기

머리글이나 바닥글에 이미지를 삽입하고자 한다면 [그림 삽입] 아이콘( ) 을 클릭한다.
회사의 로고나 캐릭터 이미지를 사용하여 문서를 좀 더 화려하게 만들 수 있다.

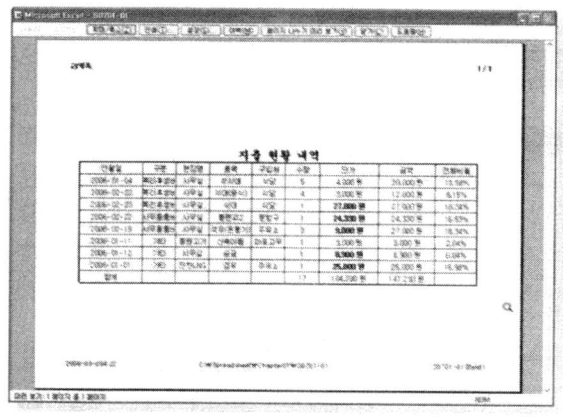

08 위에서 지정한 머리글과 바닥글의 결과이다.
인쇄 미리 보기를 통해 확인한다.

04 반복할 행, 열 적용

문서를 여러 쪽으로 나누어 인쇄할 때 첫 부분에만 있는 제목과 해당 항목을 다른 쪽에서는 인쇄
되지 않는다. 이 경우 매 쪽 마다 제목 행이나 열을 인쇄하도록 행과 열을 지정할 수 있다.

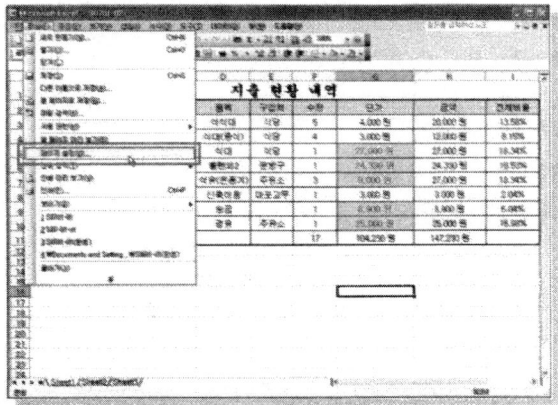

〈시작 예제〉 C:\Spreadsheet\Chapter07\SO701-02.xls

01 [파일]-[페이지 설정] 메뉴를 클릭한다.

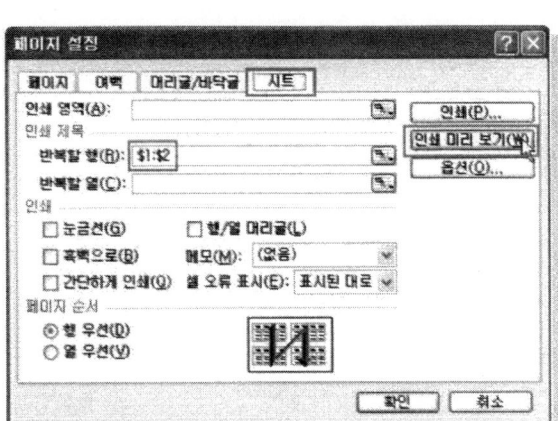

02 [시트] 탭에서 '반복할 행'에 커서를 놓
은 후 반복해서 인쇄할 '$1:$2' 행 머리
글을 드래그하면, '반복할 행'에 인쇄
될 영역의 주소가 입력된다. [인쇄 미
리 보기] 단추를 클릭한다.

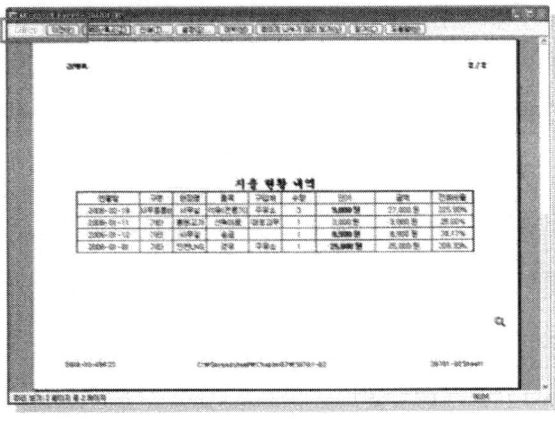

03 인쇄 미리 보기 화면이 나타나면 [다
음] / [이전] 단추를 클릭하여 마지막
쪽까지 지정한 행 '$1:$2'이 인쇄되는
것을 확인할 수 있다.

[시트] 탭의 옵션

- **인쇄 영역** : 한 페이지 내에 일부분만 인쇄할 수 있는 부분으로 이곳을 클릭하여 인쇄하고자 하는 셀을 드래그한다.
- **인쇄 제목** : 한 시트 내에 여러 페이지의 문서가 있을 경우 매 페이지마다 반복하여 인쇄 할 행/열을 선택한다. 선택 범위는 행 단위 또는 열 단위만 가능하다.
- **눈금선** : 셀과 셀을 구분하는 눈금선을 포함하여 인쇄할 것인지 설정한다.
- **행/열 머리글** : 행 머리글(1, 2, 3, 4, 5…), 열 머리글(A, B, C, D…)을 포함하여 인쇄할 것인지 설정한다.
- **흑백으로** : 흑백으로 인쇄한다.
- **메모** : 메모가 입력된 시트일 경우 메모 인쇄 여부 및 위치를 설정한다.
- **시험 출력** : 도형 및 개체의 인쇄 여부를 설정한다.
- **페이지 순서** : 행과 열 중 어느 부분을 우선하여 페이지를 지정할 것인지 설정한다.

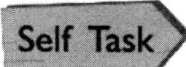

Task1

'S07-01-st.xls' 파일을 열고 용지 방향을 '가로'로 지정하시오.

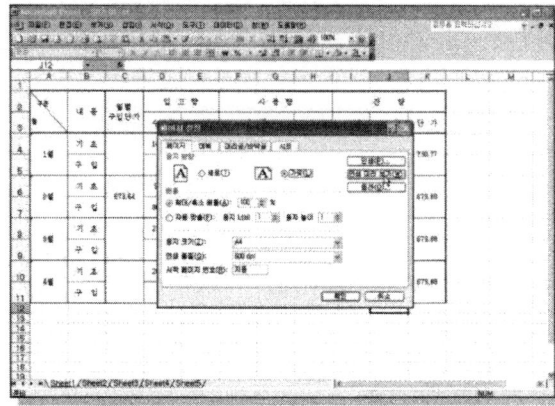

〈시작 예제〉 C:\Spreadsheet\Chapter07\S07-01-st.xls

1. [파일]-[열기]를 선택한다.
2. [열기] 대화 상자에서 'S07-01-st.xls'을 선택한 후 [열기] 단추를 클릭한다.
3. [파일]-[페이지 설정]을 선택한 후 [페이지] 탭의 용지 방향을 '가로'로 선택한다.
4. [확인] 단추를 클릭한다.

Task2

머리글의 왼쪽 구역에는 회사명과 이름, 머리글 오른쪽 구역에는 페이지 번호를 삽입하시오.

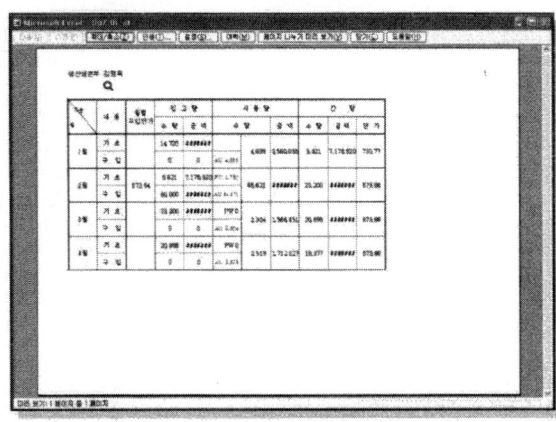

1. [파일]-[페이지 설정]을 선택한 후 [머리글/바닥글] 탭의 [머리글 편집] 단추를 클릭한다.
2. 왼쪽 구역에 회사명과 작성자 이름을 입력하고 오른쪽 구역에는 [페이지 번호] 아이콘을 클릭한다.
3. [확인] 단추를 클릭하여 대화 상자를 모두 종료한다.

모듈 4
모의고사

Module_4 스프레드시트

모의고사 1회

Quiz01. 데이터를 입력하는 기본 단위로 선택하면 굵은 선으로 표시가 되는 것을 무엇이라고 하는가?
① 셀
② 이름 상자
③ 작업 창
④ 시트 탭

Quiz02. 연속된 범위를 선택할 때 사용하는 키는 무엇인가?
① 〈Shift〉
② 〈Ctrl〉
③ 〈Alt〉
④ 〈Caps Lock〉

Quiz03. 'A3:A10' 은 어떤 의미인가?
① A3셀과 A10셀
② A3에서부터 A10까지
③ A3셀과 A10셀은 제외
④ A3셀 또는 A10셀

Quiz04. 특수 문자와 한자를 입력하는 방법으로 틀린 것은?
① 한글 자음+〈한자〉 키
② [삽입]-[기호] 메뉴
③ 영문자+〈한자〉 키
④ 단어 입력+〈한자〉 키

Quiz05. 날짜를 입력하는 방법으로 틀린 것은 어느 것인가?
① 2006-8-8
② 2006/8/8
③ 2006년 8월 8일
④ 2006 * 8 * 8

Quiz06. 한 셀에 입력된 숫자를 그대로 복사하거나 일정한 숫자만큼 증가시키며 셀을 채우는 기능을 무엇이라고 하는가?
① 자동 입력
② 자동 완성
③ 자동 채우기
④ 자동 확인

모의고사

Quiz07. '사원현황.xls' 파일을 불러오시오.

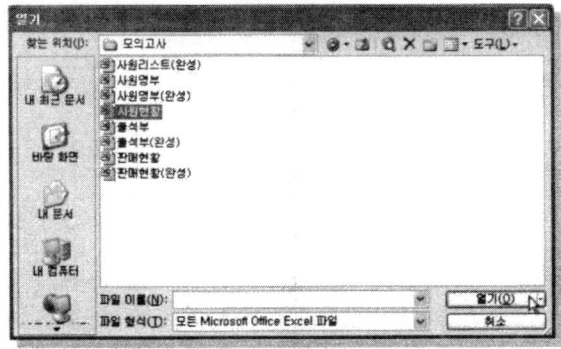

Quiz08. 워크시트의 [확대/축소] 비율을 '150%'로 설정하시오.

Quiz09. 'A2:A4', 'A5:A8', 'A9:A13' 셀을 병합하고 가운데 맞춤하시오.

Quiz10. A열에서 C열의 너비를 '12'로 조정하시오.

Quiz11. 'A1:C13' 셀 범위에 '모든 테두리'를 설정하시오.

Quiz12. 'A1:C1' 셀 범위에 채우기 색을 '노랑'으로 설정하시오.

Quiz13. 'A1:C13' 셀 범위를 'Sheet2'의 'A1' 셀에 복사하시오.

Quiz14. 워크시트의 '대리'를 '계장'으로 모두 변경하시오.

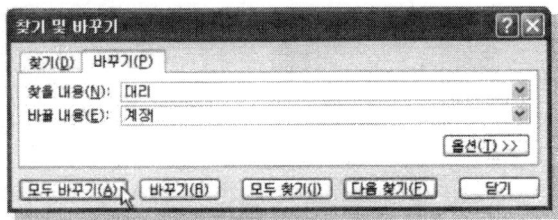

Quiz15. 'Sheet1'의 이름을 '사원리스트'로 변경한 후 시트의 탭 색을 '파랑'으로 변경하시오.

Quiz16. 문서의 왼쪽과 오른쪽 여백을 '1'로 설정하시오.

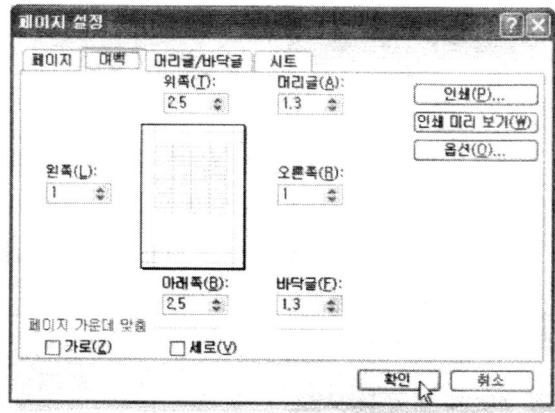

Quiz17. 열려있는 파일을 '사원리스트.xls' 파일 이름으로 저장하시오.

Quiz18. 1행의 높이를 '30'으로 설정하시오.

Quiz19. 'A1:C1' 셀 범위의 글꼴을 '견고딕'으로 설정한 후 글자 크기를 '14'로 설정하시오.

Quiz20. 머리글 왼쪽 구역에 작성자 성명을 삽입하시오.

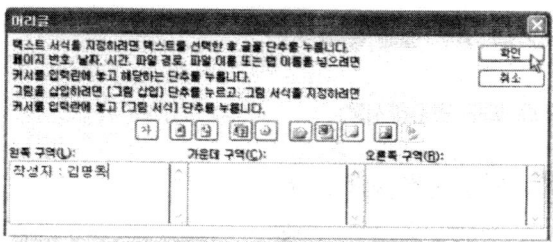

모의고사 2회

Quiz01. 셀의 참조에서 A1은 어떠한 참조 형태인가?
① 절대 참조
② 상대 참조
③ 혼합 참조
④ 합성 참조

Quiz02. 최대값을 구하는 함수는 어느 것인가?
① MIN
② MAX
③ LARGE
④ SMALL

Quiz03. 참조한 영역에서 데이터가 들어 있는 비어있지 않은 셀의 개수를 구하는 함수는?
① COUNT
② COUNTA
③ COUNTBLANK
④ COUNTIF

Quiz04. 조건에 따라 참 또는 거짓의 결과 값을 구하는 함수는 어느 것인가?
① IF
② AND
③ OR
④ NOT

Quiz05. 차트를 만드는 마법사 단계에 대한 설명으로 틀린 것은?
① 1단계 : 차트 종류와 하위 종류 목록에서 삽입할 차트의 종류와 위치를 선택한다.
② 2단계 : 원본 데이터의 범위와 방향을 지정한다.
③ 3단계 : 차트와 각 축의 제목과 범례 등을 입력한다.
④ 4단계 : 차트의 위치를 지정한다.

Module_4 스프레드시트

Quiz06. '판매현황.xls' 파일을 불러오기 하시오.

Quiz07. 'A1' 셀 제목을 '제품 판매 현황'으로 입력한 후 글꼴을 '궁서', 글꼴 크기를 '18'로 적용하
시오.

Quiz08. 'A1:E1' 셀을 범위 지정한 후 병합하고 가운데 맞춤을 설정하시오.

Quiz09. 'A3:E9' 셀을 범위 지정한 후 '모든 테두리'를 설정하시오.

Quiz10. 3행부터 9행의 높이를 '18'로 지정하시오.

Quiz11. 'SUM' 함수를 이용하여 1월의 합을 구한 후 2월~3월의 합에 복사하시오.

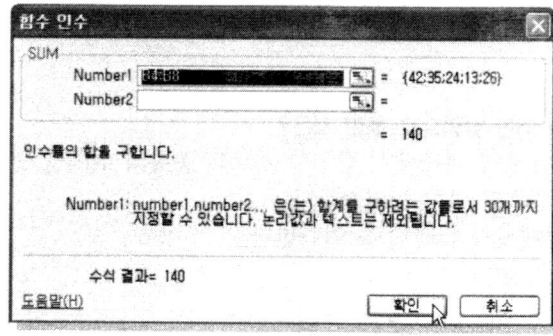

Quiz12. '원두커피' 항목의 1월~3월의 평균을 AVERAGE 함수를 이용하여 구하시오.

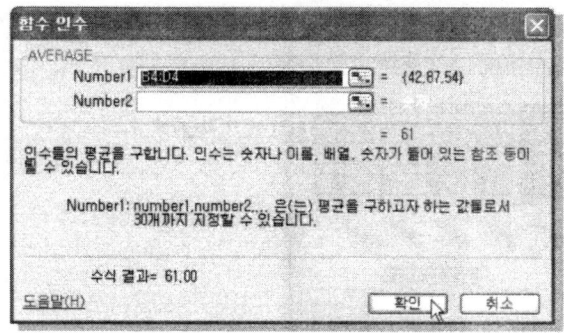

Quiz13. 'E4:E9' 셀의 값을 소수 두 자리로 적용하시오.

Quiz14. 'A3:D8' 셀을 범위 지정한 후 '묶은 세로 막대형' 차트를 삽입하시오.

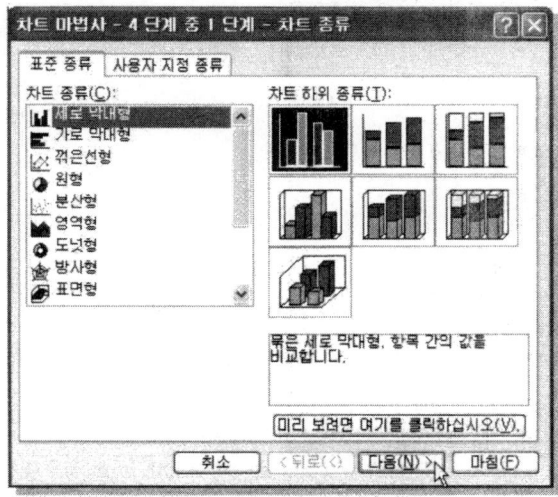

Quiz15. 차트의 범례의 위치를 아래쪽으로 변경하시오.

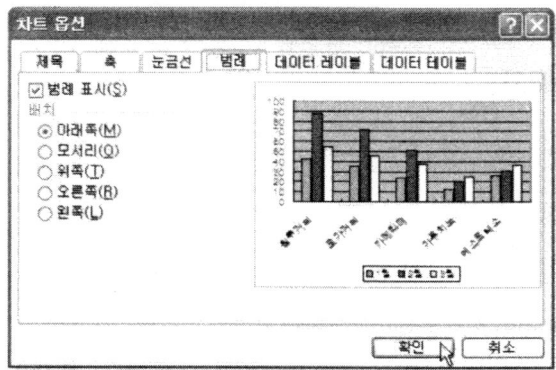

Quiz16. 1월의 막대 색을 '빨강'으로 변경하시오.

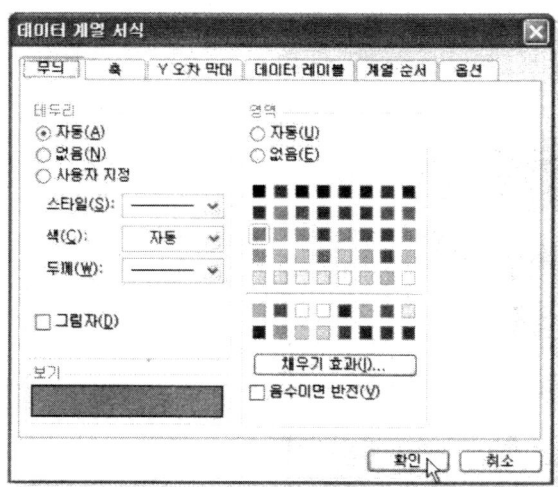

Quiz17. 'Sheet1'의 이름을 '차트작성'으로 변경하시오.

Quiz18. '차트작성' 시트를 복사하여 시트 이름을 '꺾은선 차트'로 변경하고, 차트의 종류를 '데이터 표식이 있는 꺾은선형' 차트로 변경하시오.

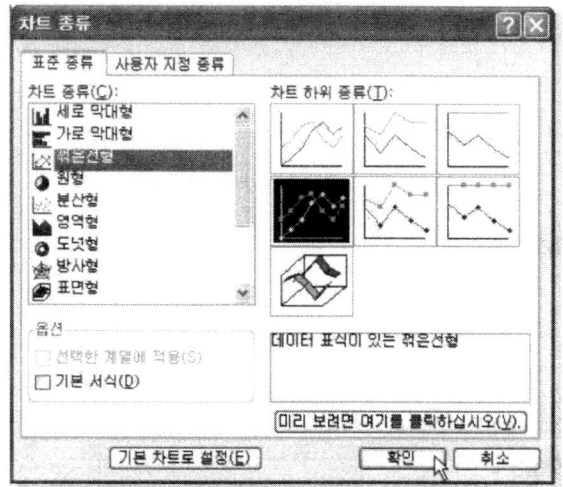

Quiz19. 'A3:E9' 셀 범위에 글꼴을 '굴림'으로 변경하시오.

Quiz20. 'A1:G25' 셀 범위 인쇄 영역 설정을 설정하시오.

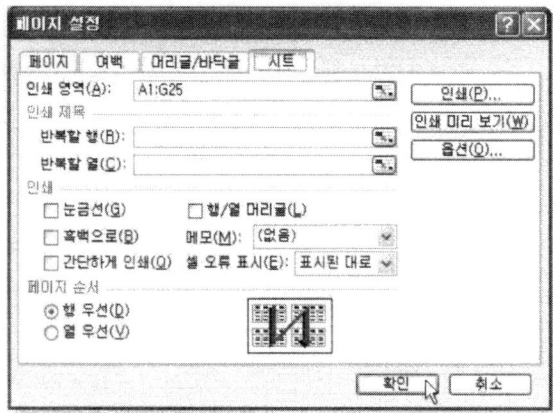

Module_4 스프레드시트

Quiz01. 'A1' 셀에 입력된 '3.141' 값을 함수를 이용하여 'B1' 셀에 '3.15' 값으로 구했다. 어떤 함
수를 이용한 것인가?
① ROUND
② ROUNDUP
③ ROUNDDOWN
④ TRUNC

Quiz02. 셀에 입력한 숫자를 반올림하기 위한 함수는?
① ROUND
② ROUNDUP
③ ROUNDDOWN
④ INT

Quiz03. 차트 옵션의 설명으로 틀린것은?
① 제목 : 차트의 제목과 x 축, y 축 제목을 삽입하거나 기존에 삽입된 제목을 수정한다.
② 범례 : 범례의 표시 유무와 위치를 지정한다.
③ 데이터 레이블 : 눈금선을 세밀하게 표시한다.
④ 데이터 테이블 : 원본 데이터의 내용을 차트 아래쪽에 표로 표시한다.

Quiz04. 지정한 자릿수로 내림하는 함수는?
① ROUND
② ROUNDUP
③ ROUNDDOWN
④ INT

Quiz05. '사원명부.xls' 파일을 불러오기 하시오.

Quiz06. 'A1:G1' 셀의 데이터를 병합하고 가운데 맞춤하시오.

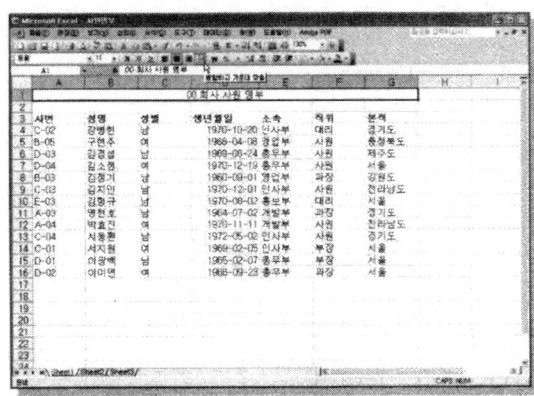

Quiz07. 'A1' 셀에 글꼴은 'HY견고딕', 글꼴 크기는 '20'으로 하고 셀의 바탕색은 '하늘색'으로 채우시오.

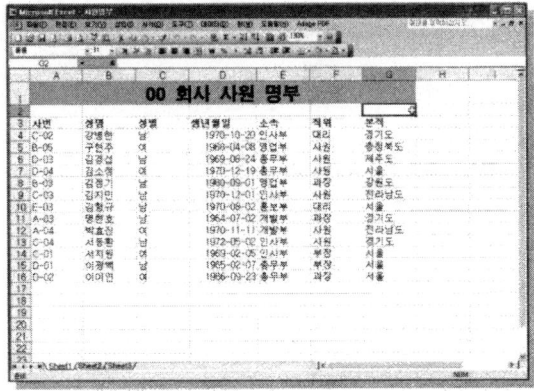

Module_4 스프레드시트

Quiz08. 'A3:G16' 셀 범위에 테두리를 윤곽선은 '실선', 안쪽선은 '점선'으로 설정하시오.

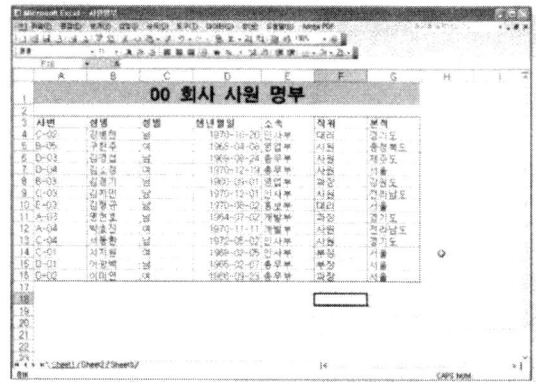

Quiz09. 'A3:G3' 셀을 범위 지정한 후 셀의 채우기 색을 '분홍색', 가운데 맞춤하시오.

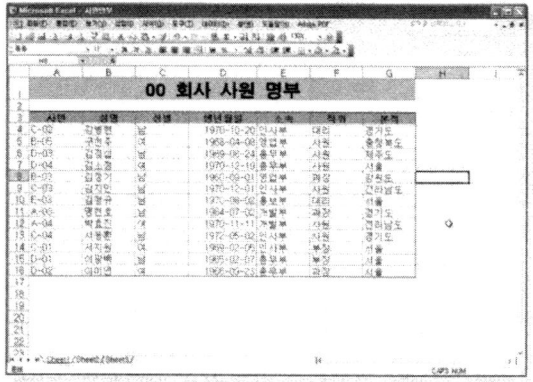

Quiz10. 생년월일인 날짜 항목 'D4:D16' 셀 범위에 '2008년 3월 5일' 형식으로 변경하시오.

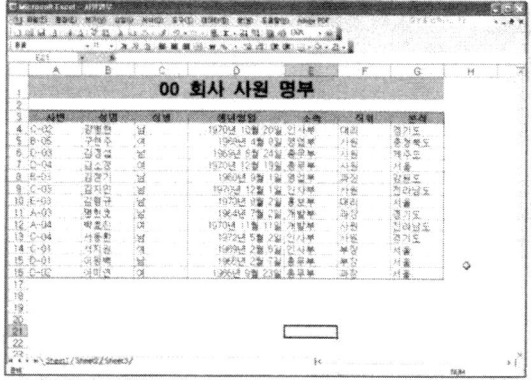

Quiz11. 'Sheet1'의 이름을 '사원명부'로 변경하시오..

Quiz12. 3행~16행의 높이를 '18'로 설정하시오.

Quiz13. '출석부.xls' 파일을 불러오기 하시오.

Quiz14. 'A1:L1' 셀 범위를 병합한 후 가운데 맞춤 하시오.

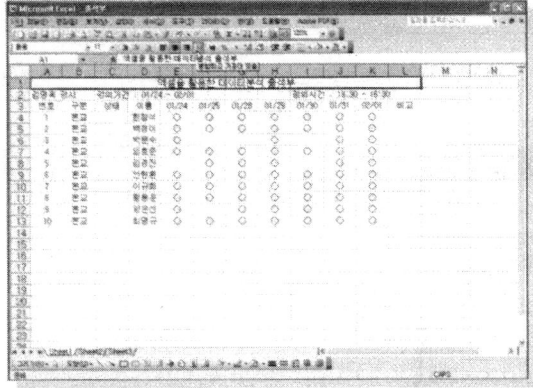

Module_4 스프레드시트

Quiz15. 'A1' 셀에 글꼴은 'HY견고딕', 글꼴 크기는 '20', 글꼴 색은 '녹색'을 설정하시오.

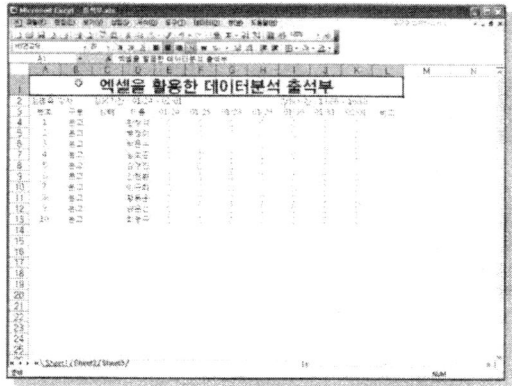

Quiz16. 1행과 2행 사이에 빈 새 행 하나를 삽입하시오.

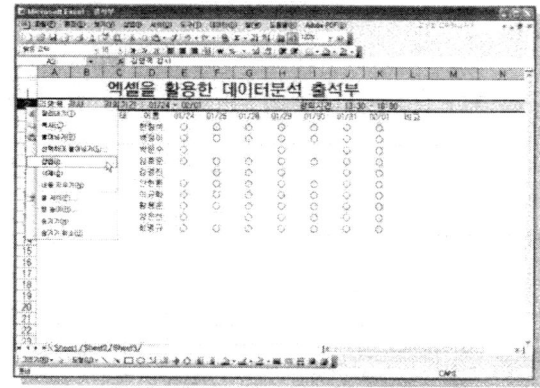

Quiz17. 'A4:L14' 셀 범위에 윤곽선은 '굵은 실선', 안쪽은 '실선'을 설정하시오.

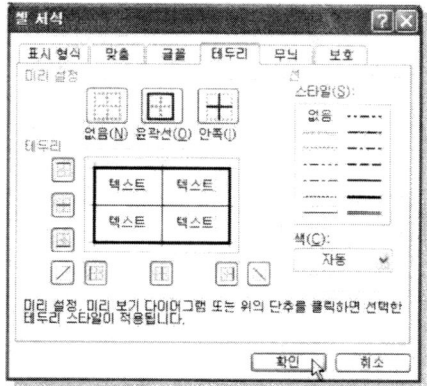

Quiz18. ‘A4:L4’ 셀 범위의 아래쪽을 이중 실선으로 처리하시오.

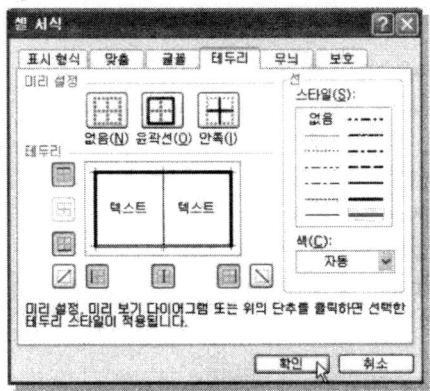

Quiz19. ‘A4:L4’, ‘A5:A14’ 셀 범위에 채우기 색을 ‘노랑’ 색으로 설정하시오.

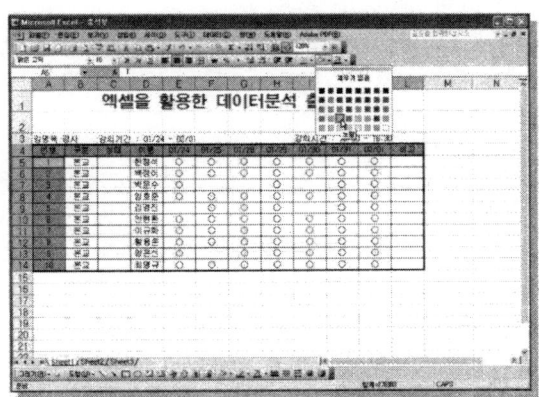

Quiz20. 문서를 인쇄 미리 보기로 확인하고 인쇄 미리 보기를 닫으시오.

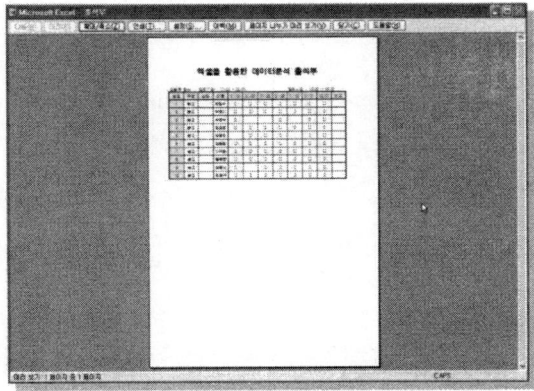

Module_4 스프레드시트

모의고사 1회 풀이

Quiz01. 1. 워크시트를 이루는 가장 작은 단위는 셀이다.

Quiz02. 2. 셀의 선택과 연속된 범위를 지정하는 방법과 기능키의 사용법을 알 수 있다.

Quiz03. 2. 다중으로 범위를 설정할 때는 〈Ctrl〉 키를 누른 채 마우스로 드래그 하여 범위를 지정하면 다중 범위를 지정할 수 있다.

Quiz04. 3. 특수 문자를 입력하는 방법은 ① [삽입]-[기호] 메뉴를 이용하거나 ② 한글 자음을 입력하고 〈한자〉 키를 눌러 삽입한다. 한자로 변경할 때는 단어를 입력한 후 〈한자〉 키를 이용한다.

Quiz05. 4. 날짜는 하이픈(-)이나 슬래시(/)로 구분하여 입력하고 시간은 (:)으로 입력한다.

Quiz06. 3. 문자와 숫자 등을 일정한 간격으로 채우거나 문자 및 날짜를 채우는 기능을 자동 채우기 기능이라고 한다.

Quiz07. 1. [파일]-[열기] 메뉴를 선택한다.
2. [열기] 대화 상자에서 '사원현황.xls'를 선택하고 [열기] 단추를 클릭한다.

Quiz08. 1. 표준 도구 모음의 [확대/축소] (100% ▾)를 클릭하여 '150%'로 입력한다.

Quiz09. 1. 〈Ctrl〉 키를 누른 채 마우스로 드래그하여 'A2:A4', 'A5:A8', 'A9:A13' 셀을 범위 지정한다.
2. 서식 도구 모음의 [병합하고 가운데 맞춤] 아이콘(▦)을 클릭한다.

Quiz10. 1. A열부터 C열 머리글을 드래그하여 범위 지정한다.
2. 마우스 오른쪽 단추를 눌러 [열 너비]를 선택한다.
3. [열 너비] 대화 상자에 '12'를 입력한 후 [확인] 단추를 클릭한다.

Quiz11. 1. 마우스를 이용하여 'A1:C13' 셀 범위를 지정한다.
2. 서식 도구 모음의 [테두리] 아이콘(▦ ▾)의 화살표를 클릭한 후 [모든 테두리](⊞)를 클릭한다.

Quiz12. 1. 마우스를 이용하여 'A1:C1' 셀을 범위 지정한다.
2. 서식 도구 모음의 [채우기 색] 아이콘(◇ ▾)의 화살표 선택한 후 '노랑'을 선택한다.

Quiz13. 1. 'A1:C13' 셀 범위를 지정한 후 ① [편집]-[복사] 메뉴를 선택하거나 ② 마우스 오른쪽 단추를 클릭하여 [복사]를 선택하거나 ③ 〈Ctrl+C〉를 누른다.
2. 'Sheet2'의 'A1' 셀을 선택한 후 ① [편집]-[붙여넣기] 메뉴를 선택하거나 ② 마우스 오른쪽 단추를 클릭하여 [붙여넣기]를 선택하거나 ③ 〈Ctrl +V〉를 누른다.

Quiz14. 1. [편집]-[바꾸기] 메뉴를 선택한다.
2. [찾기 및 바꾸기] 대화 상자에서 찾을 내용은 '대리', 바꿀 내용은 '계장'을 입력한 후 [모두 바꾸기] 단추를 클릭한다.
3. '찾기 및 바꾸기가 끝났다'라는 창이 표시되면 [확인] 단추를 클릭한다.
4. [찾기 및 바꾸기] 대화 상자로 돌아오면 [닫기] 단추를 클릭한다.

Quiz15. 1. 'Sheet1'을 더블 클릭한 후 '사원리스트'를 입력한 후 〈Enter〉 키를 누릅니다.
2. '사원리스트' 시트 이름 위에서 마우스 오른쪽 단추를 클릭하여 [탭 색]을 선택한다.
3. '파랑'을 선택한 후 [확인] 단추를 클릭한다.

Quiz16. 1. [파일]-[페이지 설정] 메뉴를 선택한다.
2. [페이지 설정] 대화 상자의 [여백] 탭을 선택한 후 왼쪽과 오른쪽의 여백에 '1'을 입력한 후 [확인] 단추를 클릭한다.

Quiz17. 1. [파일]-[다른 이름으로 저장] 메뉴를 선택한다.
2. [다른 이름으로 저장] 대화 상자의 파일 이름을 '사원리스트.xls'로 입력한 후 [저장] 단추를 클릭한다.

모듈 4 풀이

Quiz18. 1. 1행 머리글을 선택한 후 마우스 오른쪽 단추를 클릭하여 [행 높이]를 선택한다.
         2. [행 높이] 대화 상자에 '30'을 입력한 후 [확인] 단추를 클릭한다.

Quiz19. 1. 'A1:C1' 셀을 범위 지정한다.
         2. 서식 도구 모음의 [글꼴](돋움　　　　　▾)에서 '견고딕'을 선택한다.
         3. 서식 도구 모음의 [글꼴 크기](11　▾)에서 '14'를 선택한다.

Quiz20. 1. [파일]–[페이지 설정] 메뉴를 클릭하여 [머리글/바닥글] 탭에서 [머리글 편집] 단추를 클릭한다.
         2. [머리글] 대화 상자의 머리글 왼쪽 구역에 작성자 성명을 입력한 후 [확인] 단추를 클릭한다.

모의고사 2회 풀이

Quiz01. 1. 〈F4〉 키를 이용한 상대, 절대, 혼합 참조를 구분 및 만드는 방법을 알 수 있다. 절대 참조는 열과 행이 모두 변하지 않는 상태를 말한다.

Quiz02. 2. 최대값 함수는 'MAX'로 참조한 인수 중 가장 큰 수를 구하는 함수이다.

Quiz03. 2. 숫자 뿐 아니라 문자를 포함하며 어떠한 종류의 데이터든 입력되어 있는 셀의 개수를 구하는 함수이다.

Quiz04. 1. 조건에 따라 해당하는 참값과 거짓값을 구하는 함수로 성적이나 평가를 할때 많이 사용을 하는 함수이다.

Quiz05. 1. 위치는 4단계에서 지정한다.

Quiz06. 1. [파일]-[열기] 메뉴를 선택한다.
2. [열기] 대화 상자에서 '판매현황.xls'를 선택한 후 [열기] 단추를 클릭한다.

Quiz07. 1. 'A1' 셀을 선택한 후 제목을 입력한다.
2. 서식 도구 모음의 [글꼴](돋움 ▼)에서 '궁서'를 선택한다.
3. 서식 도구 모음의 [글꼴 크기](11 ▼)에서 '18'을 선택한다.

Quiz08. 1. 'A1:E1' 셀 범위를 지정한다.
2. 서식 도구 모음의 [병합하고 가운데 맞춤] 아이콘(囲)을 선택한다.

Quiz09. 1. 'A3:E9' 셀을 범위 지정한다.
2. 서식 도구 모음의 [테두리] 아이콘(⊞ ▼)의 화살표를 클릭하여 '모든 테두리'(⊞)를 선택한다.

Quiz10. 1. 3행부터 9행까지 범위 지정한다.
2. 마우스 오른쪽 단추를 눌러 [행 높이]를 선택한다.
3. [행 높이] 대화 상자에서 높이에 '18'을 입력하고 [확인] 단추를 클릭한다.

Quiz11. 1. 결과값이 나올 셀 'B9' 셀을 선택한다.
2. [함수 마법사] 아이콘(fx)을 클릭하여 'SUM' 함수를 선택하고 [확인] 단추를 클릭한다.
3. 인수에 1월의 데이터들을 범위 지정한 후 [확인] 단추를 클릭한다.
4. 1월의 합계를 구한 후, 자동 채우기 핸들에 마우스를 위치한다.
5. 마우스 포인터 모양이 변경된 상태에서 'D9' 셀까지 드래그하여 복사한다.

Quiz12. 1. 결과 값이 나올 'E9' 셀을 선택한다.
2. [함수 마법사] 아이콘(fx)을 클릭하여 범주 선택은 통계, 함수는 'AVERAGE'를 클릭한다.
3. 인수에 원두커피 항목인 'B4:D4' 셀을 범위 지정한 후 [확인] 단추를 클릭한다.
4. 나머지 항목인 평균을 구하기 위하여 'E4' 셀을 선택한 후 채우기 핸들을 드래그하여 수식을 복사한다.

Quiz13. 1. 'E4:E9' 셀 범위 지정한다.
2. 서식 도구 모음의 [자릿수 늘림] 아이콘(◄◦) 을 클릭하여 소수 자리수를 맞춘다.

Quiz14. 1. 'A3:D8' 셀을 범위 지정한다.
2. [차트 마법사] 아이콘(▦)을 선택한 후 [차트 마법사-4단계 중 1단계]에서 차트 종류는 '세로 막대형', 차트 하위 종류는 '묶은 세로 막대형' 차트를 선택한다.
3. [마침] 단추를 클릭한다.

Quiz15. 1. 삽입된 차트에서 마우스 오른쪽 단추를 클릭하여 [차트 옵션]을 선택한다.
2. [차트 옵션] 대화 상자에서 [범례] 탭을 선택한 후 범례의 배치를 '아래쪽'으로 변경한다.

Quiz16. 1. 차트의 1월 막대를 선택한다.
2. ① 서식 도구 모음의 [채우기 색] 아이콘(◇ ▼)을 선택하여 '빨강'을 선택하거나 ② 선택된 막대 위에서 마우스 오른쪽 단추를 클릭하여 [데이터 계열 서식]을 클릭하여 [데이터 계열 서식] 대화 상자의 [무늬] 탭의 영역 항목에서 '빨강'을 선택한 후 [확인] 단추를 클릭한다.

Quiz17. 1. 'Sheet1'을 더블 클릭한다.

2. 시트 이름에 '차트작성'을 입력한 후 〈Enter〉 키를 누릅니다.

Quiz18. 1. '차트작성' 시트에서 마우스 오른쪽 단추를 클릭하여 [복사]를 선택한다.

2. '차트작성(2)'을 더블 클릭한다.

3. '꺾은선차트'를 입력한 후 〈Enter〉 키를 누른다.

4. 삽입된 차트에서 마우스 오른쪽 단추를 클릭하여 [차트 종류]를 선택한다.

5. [차트 종류] 대화 상자에서 차트 종류는 '꺾은선형', 차트 하위 종류는 '데이터 표식이 있는 꺾은선형'을 선택한다.

Quiz19. 1. 'A3:E9' 셀을 범위 지정한다.

2. 서식 도구 모음의 [글꼴](돋움　　　　　▼)에서 '굴림'으로 선택한다.

Quiz20. 1. 'A1:G25' 셀을 범위 지정한다.

2. [파일]-[인쇄 영역]-[인쇄 영역 설정] 메뉴를 선택한다.

3. 가장자리에 점선이 생기면 인쇄 영역이 설정된 것이다.

모의고사 3회 풀이

Quiz01.　2. 수를 올림하는 함수는 ROUNDUP 함수이다.

Quiz02.　1. 수학 삼각 함수로 반올림 함수는 ROUND이다.

Quiz03.　3. 데이터 레이블 : 원본 데이터와 값이나 계열 이름 등을 차트에 표시한다.

Quiz04.　3. 내림 함수는 ROUNDDOWN이다.

Quiz05.　1. [파일]-[열기] 메뉴를 선택한다.

　　　　2. [열기] 대화 상자에서 '사원명부.xls'를 선택하고 [열기] 단추를 클릭한다.

Quiz06.　1. 'A1:G1' 셀을 범위 지정한다.

　　　　2. 서식 도구 모음의 [병합하고 가운데 맞춤] 아이콘(　)을 클릭한다.

Quiz07.　1. 'A1' 셀을 선택한 후 서식 도구 모음의 [글꼴](　　　　　　)에서 'HY견고딕'을 선택한다.

　　　　2. 서식 도구 모음의 [글꼴 크기] 아이콘(11 ▾)에서 '20'으로 선택한다.

　　　　3. 서식 도구 모음의 [채우기 색] 아이콘(　▾)에서 '하늘색'을 선택한다.

Quiz08.　1. 'A3:G16' 셀을 범위 지정한 후 마우스 오른쪽 단추를 클릭하여 [셀 서식]을 선택한다.

　　　　2. [셀 서식] 대화 상자의 [테두리] 탭을 선택한 후 선 스타일은 '실선'을 선택하고 미리 설정에서 '윤곽선'
　　　　　을 선택한다.

　　　　3. 안쪽 선을 지정하기 위하여 선 스타일은 '점선'을 선택하고 미리 설정에서 '안쪽'을 선택한다.

　　　　4. [확인] 단추를 클릭한다.

Quiz09.　1. 'A3:G3' 셀을 범위 지정한다.

　　　　2. 서식 도구 모음의 [채우기 색] 아이콘(　▾)의 화살표를 선택하여 '분홍색'을 선택한다.

　　　　3. 서식 도구 모음의 [가운데 맞춤] 아이콘(　)을 선택한다.

Quiz10.　1. 생년월일인 날짜 항목 'D4:D16'을 범위 지정한다.

　　　　2. 마우스 오른쪽 단추를 클릭하여 [셀 서식] 명령을 선택한 후 [표시 형식] 탭을 선택한다.

　　　　3. 범주는 '날짜', 형식은 한글 형식인 '2008년 3월 5일'로 선택한 후 [확인] 단추를 클릭한다.

Quiz11.　1. 'Sheet1' 시트 탭을 더블 클릭한다.

　　　　2. '사원명부'을 입력한 후 〈Enter〉 키를 누른다.

Quiz12.　1. 3행~16행 머리글을 드래그하여 범위 지정한다.

　　　　2. 마우스 오른쪽 단추를 클릭하여 [행 높이]를 선택한다.

　　　　3. [행 높이] 대화 상자에 '18'을 입력한 후 [확인] 단추를 클릭한다.

Quiz13.　1. [파일]-[열기] 메뉴를 선택한다.

　　　　2. [열기] 대화 상자에서 '출석부'를 선택한 후 [열기] 단추를 클릭한다.

Quiz14.　1. 'A1:L1' 셀을 범위 지정한다.

　　　　2. 서식 도구 모음의 [병합하고 가운데 맞춤] 아이콘(　)을 클릭한다.

Quiz15.　1. 'A1' 셀을 클릭한다.

　　　　2. 서식 도구 모음의 [글꼴](　　　　　　)에서 'HY견고딕'을 선택한다.

　　　　3. 서식 도구 모음의 [글꼴 크기](11 ▾)에서 '20'을 선택한다.

　　　　4. 서식 도구 모음의 [글꼴 색] 아이콘(가 ▾)의 화살표를 클릭하여 '녹색'을 선택한다.

Quiz16.　1. 2행 머리글을 클릭한다.

　　　　2. 마우스 오른쪽 단추를 클릭하여 [삽입] 메뉴를 선택한다.

　　　　3. 빈 행이 1행과 2행 사이에 삽입된다.

모듈4 풀이

Quiz17. 1. 'A4:L14' 셀을 범위 지정한다.
   2. 마우스 오른쪽 단추를 클릭하여 [셀 서식]을 선택한다.
   3. [셀 서식] 대화 상자의 [테두리] 탭을 선택한 후 선 스타일은 '굵은 실선'을 선택하여 [윤곽선] 단추를 클릭하고, 안쪽은 '실선'을 선택한 후 [안쪽] 단추를 클릭한다. [확인] 단추를 클릭한다.

Quiz18. 1. 'A4:L4' 셀을 범위 지정한다.
   2. 마우스 오른쪽 단추를 클릭하여 [셀 서식]을 선택한다.
   3. [테두리] 탭을 선택한 후 선 스타일은 '이중 실선', 테두리의 아래선을 마우스로 클릭한다. [확인] 단추를 클릭한다.

Quiz19. 1. 'A4:L4', 'A5:A14' 셀 범위를 〈Ctrl〉 키를 누른 채 드래그한다.
   2. 서식 도구 모음의 [채우기 색] 아이콘(🎨 ▾)의 화살표를 클릭하여 '노랑' 색을 선택한다.

Quiz20. 1. [파일]-[인쇄 미리 보기] 메뉴를 선택한다.
   2. 인쇄 미리 보기가 끝나면 [닫기] 단추를 클릭한다.

ECDL / ICDL 실라버스 v 5.0

ECDL 협회 (The European Computer Driving Licence Foundation Ltd.)

Third Floor, Portview House
Thorncastle Street
Dublin 4
Ireland

Tel: + 353 1 630 6000
Fax: + 353 1 630 6001

E-mail: info@ecdl.com
URL: www.ecdl.com
ECDL / ICDL 실라버스(Syllabus Version) 버전 5.0은 ECDL 협회 웹 사이트
(www.ecdl.com)에 공표되어 있는 버전입니다.

경고문

ECDL 협회는 본 발행물을 준비하는데 있어 모든 주의를 기울였으나 발행자로서 본 실라버스에 포함된 정보의
완벽성에 대해 어떠한 보증도 하지 않을 뿐 아니라, 오류, 누락, 부정확함 및 정보나 지침 또는 자문에 의해
발생하는 어떠한 종류의 손실이나 손해에 대해서도 책임이나 의무를 지지 않습니다. 본 실라버스는 허가 및 승인
없이는 전부 또는 일부를 복사할 수 없습니다. ECDL 협회는 언제든 사전통지 없이 재량에 따라 내용을 변경할 수
있습니다.

다음은 모듈 4. 스프레드시트에 대한 요약으로서, 이 모듈에 포함된 실습기반 테스트 위한 기준을 제공한다.

모듈의 목표

모듈 4 스프레드시트는 수험생에게 스프레드시트의 개념을 이해하고 스프레드시트를 사용하여 정확한 작업출력을 산출할 수 있는 능력의 입증을 요구한다. 수험생은 다음을 할 수 있어야 한다.

- 스프레드시트로 작업하여 이를 다른 파일 형식으로 저장한다.
- 응용 프로그램 안에 있는 도움말 기능 등의 내장 옵션을 선택하여 생산성을 향상시킨다.
- 셀에 데이터를 입력하고 목록을 작성하는 데 있어 좋은 선례를 사용한다. 데이터를 선택, 정렬 및 복사, 이동 및 삭제한다.
- 워크시트에서 행과 열을 편집한다. 워크시트를 복사, 이동, 삭제하고 적절하게 이름을 바꾼다.
- 표준 스프레드시트 함수들을 사용하여 수학공식과 논리식을 작성한다. 수식 작성에 있어서 좋은 실례를 사용하고 수식에서의 오류 값을 인식한다.
- 스프레드시트에서 숫자형식과 텍스트 내용을 지정한다.
- 차트를 선택하여 작성하고 포맷을 정하여 정보를 의미 있게 전달할 수 있도록 한다.
- 스프레드시트 페이지 설정 값을 조정하고 스프레드시트를 최종적으로 인쇄하기 전에 내용을 검사하여 수정한다.

범주	지식 영역	참조번호	지식 항목
4.1 응용 프로그램 사용	4.1.1 스프레드시트 작업	4.1.1.1	스프레드시트 응용 프로그램을 열고 닫는다. 스프레드시트를 열고 닫는다.
		4.1.1.2	기본 서식을 기반으로 새로운 스프레드시트를 작성한다.
		4.1.1.3	스프레드시트를 드라이브의 지정된 장소에 저장한다. 스프레드시트를 다른 이름으로 드라이브의 지정된 장소에 저장한다.
		4.1.1.4	스프레드시트를 서식파일, 텍스트 파일, 소프트웨어 지정 파일 확장자, 버전번호와 같은 다른 파일 형식으로 저장한다.
		4.1.1.5	열린 스프레드시트 사이를 전환한다.
	4.1.2 생산성 향상	4.1.2.1	응용 프로그램의 옵션/환경 설정에서 사용자 이름, 스프레드시트를 열고 저장하는 기본파일 위치와 같은 기본옵션을 설정한다.
		4.1.2.2	가용한 도움말 기능을 사용한다.
		4.1.2.3	확대/축소 도구를 사용한다.
		4.1.2.4	내장 도구 모음을 표시하고 숨긴다. 도구

			표시줄을 복구시키거나 최소화시킨다.
4.2 셀	4.2.1 삽입, 선택	4.2.1.1	워크시트에 있는 셀은 하나의 데이터 요소만을 포함해야 한다는 점을 이해한다(예를 들면 하나의 셀에는 이름을 입력하고 인접한 셀에는 성을 입력한다).
		4.2.1.2	목록을 작성하는데 있어서 목록의 주된 부분에는 빈 행과 열을 피하고, 합계 행 앞에 빈 행을 삽입하여 목록의 테두리 셀들을 공란으로 만드는 것과 같은 좋은 실례를 인식한다.
		4.2.1.3	셀에 번호, 날짜 및 텍스트를 입력한다.
		4.2.1.4	셀, 인접 셀의 범위, 인접하지 않은 셀의 범위, 전체 워크시트를 선택한다.
	4.2.2 편집, 정렬	4.2.2.1	셀 내용을 편집하고 기존의 셀 내용을 수정한다.
		4.2.2.2	실행 취소, 반복 실행 명령을 사용한다.
		4.2.2.3	워크시트에 있는 특정한 내용에 대해 검색 명령을 사용한다.
		4.2.2.4	워크시트에 있는 특정한 내용에 대해 바꾸기 명령을 사용한다.
		4.2.2.5	오름차순/내림차순 숫자 순서 또는 오름차순/내림차순 알파벳 순서 중 하나의 기준에 의해 셀 범위를 정렬한다.
	4.2.3 복사, 이동, 삭제	4.2.3.1	워크시트 간 및 열려있는 시트 간, 워크시트 내부의 셀 또는 셀 범위의 내용을 복사한다.
		4.2.3.2	자동 채우기 도구/복사 핸들 도구를 사용하여 데이터 복사 및 점증 데이터 입력을 한다.
		4.2.3.3	워크시트 간 및 오픈된 스프레드시트 간 워크시트 내부의 셀 또는 셀 범위의 내용을 이동시킨다.
		4.2.3.4	셀 내용을 삭제한다.
4.3 워크시트 관리	4.3.1 행 및 열	4.3.1.1	행, 인접 행의 범위, 인접하지 않은 행의 범위를 선택한다.
		4.3.1.2	열, 인접 열의 범위, 인접하지 않은 열의 범위를 선택한다.
		4.3.1.3	행과 열을 삽입하거나 삭제한다.
		4.3.1.4	행의 너비와 열의 높이를 지정된 값, 최적 너비 또는 높이로 수정한다.

범주	지식 영역	참조번호	지식 항목
		4.3.1.5	행 및/또는 열을 숨기거나 해제한다.
	4.3.2 워크시트	4.3.2.1	워크시트 사이를 전환한다.
		4.3.2.2	새로운 워크시트를 삽입하고 워크시트를 삭제한다.
		4.3.2.3	워크시트의 이름을 변경하는데 있어서 기본 이름을 수용하기 보다는 의미 있는 워크시트 이름을 사용하는 좋은 실례를 인식한다.
		4.3.2.4	스프레드시트 내부의 워크시트를 복사하거나 이동하고 워크시트의 이름을 바꾼다.
4.4 수식 및 함수	4.4.1 수식	4.4.1.1	수식을 작성하는데 있어서 숫자를 공식에 입력하기 보다는 셀을 참조하는 좋은 실례를 인식한다.
		4.4.1.2	셀 참조와 사칙 연산자(더하기, 빼기, 곱하기, 나누기)를 이용하여 수식을 작성한다.
		4.4.1.3	수식을 사용하는데 있어서 #NAME?, #DIV/0!, #REF!와 같은 표준 오류 값을 식별하고 이해한다.
		4.4.1.4	수식에서 상대적 및 절대적 셀 참조를 이해하고 사용한다.
	4.4.2 함수	4.4.2.1	sum, average, minimum, maximum, count, counta, round 함수를 사용한다.
		4.4.2.2	(2개의 특정한 값에서 하나를 얻는 경우) 비교 연산자 =, 〉, 〈를 갖는 논리 함수를 사용한다.
4.5 서식	4.5.1 숫자/날짜	4.5.1.1	셀의 서식을 정하여 숫자를 특정한 소수점으로 표시하거나 천 단위 분리기호를 포함/불포함하여 표시한다.
		4.5.1.2	셀의 서식을 정하여 날짜 서식을 표시하거나 화폐 기호를 표시한다.
		4.5.1.3	셀의 서식을 정하여 숫자를 백분율로 표시한다.
	4.5.2 내용	4.5.2.1	글꼴 크기 및 글꼴 형식으로 셀 내용의 모양을 변경한다.
		4.5.2.2	셀 내용에 굵게, 기울임꼴, 밑줄, 이중밑줄의 서식을 적용한다.
		4.5.2.3	셀 내용과 셀 배경에 상이한 색상을 적용한다.
		4.5.2.4	셀, 셀 범위로부터 다른 셀, 셀 범위로 서식을 복사한다.

		4.7.2.2	인쇄를 위해 눈금선, 행과 열 머리글의 표시를 나타내거나 숨긴다.
		4.7.2.3	인쇄되는 워크시트의 모든 페이지에 자동 제목 행(반복할 행)을 적용한다.
		4.7.2.4	워크시트를 미리 살펴본다.
		4.7.2.5	워크시트로부터 선택된 셀 범위, 전체 워크시트, 워크시트 인쇄 매수, 전체 스프레드시트, 선택된 차트를 인쇄한다.

찾아보기